餐旅業督導訓練

Supervision in the Hospitality Industry

2nd Edition

蔡必昌 著

序

　　餐旅業是一個勞力密集型的行業，需要大批的員工，為客人提供各種產品和服務。這些人大多數是隸屬於最基層的員工，他們的工作必需受到曾作過基層員工的主管們的監督和指導。任何餐旅業要取得成功都離不開這些基層的管理人員，他們既是上級制定的政策和制度的執行者，又是廣大員工的代表。

　　服務業最重要的資產是「人」，如何領導部屬是對從事服務業的我們格外重要。如何讓每一名部屬心悅臣服為企業奮鬥，是每一位領導者所須面對的一大難題。沒有人生來就是領導人，領導是需要經由學習而獲取的，每個人總會有領導與被領導的經驗。身為一個成功的領導人需要從那些方面加強自己的內在知識？以期將來面臨問題時能適當處理。督導是一門需要深入去探討的問題，這就是製作此書的目的，而本書希望給各位讀者一些參考。

　　現今美國大學餐旅管理相關科系，都有開設督導的課程以培訓餐旅業基層管理人員，反觀國內這一方面的資源卻很貧乏，想在市面上找出一本關於「餐旅服務業督導管理」的中文書籍幾乎不太可能。有鑑於此，以個人在旅館業多年的工作經驗，並參考國內外相關管理書籍，製作此主題的書籍。本書能順利再版，特此感謝家人的體諒，感謝南台科技大學給予的支持，感謝所有餐旅業界前輩的指教，感謝許多餐旅、觀光、休閒等相關科系的老師的採用作為教

科書，感謝揚智文化事業有限公司葉忠賢總經理、閻富萍小姐及所
有工作夥伴們的協助與努力，特此致謝！

南台科技大學　休閒事業管理系

蔡必昌　謹識

102年9月28日於台南

課程目標

　　餐旅業是一個勞力密集型的行業，需要大量的人力執行各式各樣的工作，當然必須有人來進行督導。對於餐旅業的任何基層管理人員而言，如果不能領導下屬實現公司的目標，就不能是一名「好」的管理人員。不管你是早已在這個行業工作，還是正渴望進入這個行業，「與人打交道」的技巧，很可能對你的前程產生極大的影響。希望學員藉此課程學習督導的技巧及瞭解作為一個領導者的應具備的用人技巧；學習有效的領導部屬的技巧，使整個公司團隊工作更具效率；認識一起學習的夥伴，互相學習及自我成長的機會；瞭解自身的領導能力，計畫自我改進事項。

課程大綱

第一章　身為督導

對於督導的角色常因不同職位的人而有不同的觀點，本章將透過不同的角度來分析督導的角色。讀者會瞭解主管所扮演的角色，最需要掌握各種處理人際關係的技能和概念技能。

第二章　督導的管理學

本章將討論管理定義、管理過程分析及提供督導人員的管理技巧以及向上管理。將著重討論擔任基層管理任務的主管，對工作的幾個要素（何人、何事、如何、何時、何地等）作剖析。最後並提出如何和上司維持良好的關係。

第三章　督導的領導學

本章將討論一些基本的領導及統御觀念及各種領導技巧。針對各種不同的領導方式以及領導方式用對員工可能產生的影響作詳細論述。也介紹了各種領導方式運用時機的重要性。

第四章　員工的甄選及面試

無論是新聘僱或是內部升調，選擇適當的人才對於工作的成功

與否是非常重要的。本章將探討面談及甄選時關鍵性的技巧，其中強調的是甄選時的面談。

第五章　員工訓練

訓練部屬能增進及工作效率，培養部屬亦能使部屬、督導、公司三者同蒙其利。本章將提出一些有效的訓練及培養技巧。

第六章　溝通技巧與命令

溝通是鼓勵員工參與決策和管理的一種具體方法，運用獎勵的手段激勵全體員工積極提出合理的意見，以改進工作。意見溝通提供了員工和管理者的溝通管道，是民主管理員工的具體措施，也是提升職員工作積極性的有效手段。

第七章　員工士氣的激勵

所謂激勵部屬便是迎合其需要，將之引導至更高的工作績效，更好的工作表現。本章將探討部屬的需求、如何因應其需求及如何激勵員工？

第八章　團體的管理

所謂良好團隊工作，就是說群體的整合力量遠比個人力量的累積大得多。本章將研討些策略來幫助督導建立高效率的團隊，同時與其他部門合作無間。

第九章　時間管理

高績效的督導是能掌控時間，而不是讓時間來控制自己。本章

將著重於如何安排處理事務的優先順序，並克服各種障礙，有效地運用時間。

第十章　餐旅業顧客服務

經營餐旅業的最終目標是：「如何能夠在獲得合理的利潤下，去滿足顧客的需求」。簡言之，「使顧客滿意」是餐旅業功的最佳策略。在競爭日形激烈的大環境下，顧客的需求無時無刻都在變化，而產品本身之間的差異逐漸縮小，價格亦非取決於顧客購買的唯一因素，維持良好的顧客關係，以及給予顧客高品質的服務，才是顧客再次上門的關鍵因素。

第十一章　餐旅業顧客抱怨之處理

成功的餐旅業善於把顧客抱怨的消極面轉化成積極面，通過處理顧客抱怨來促使自己不斷改進，防止顧客抱怨的再次發生。如何加強探討客人抱怨之原因，及訓練服務人員處理客人抱怨的技巧，因而減少客人對飯店的抱怨，進而贏得更多忠實的顧客，這是各級飯店督導人員，當前所必須重視的課題。

第十二章　餐旅業員工績效考核

培訓是告訴員工應該做什麼，績效評估則是檢驗員工工作的績效怎麼樣？只有經由績效考核，才能知道員工的工作績效和工作態度。也可以說，如果沒有考核，就沒有管理的存在。績效評估的過程也就是督導人員針對員工之品格、態度、潛能和表現做一審核，督導人員可藉著評估員工的表現，進而給予及時行性的建議來改進其成果。

目　錄

第一章

身為督導

- 督導的角色
- 督導的職責
- 督導階層
- 成功的督導

身為督導，應該認清自己的角色、職責，才能盡到督導人員的責任，在企業中，督導人員是管理階層中最重要一環，對於企業的成功與否都有著不可忽視的影響力，所以要如何做一個成功的督導，瞭解自己的本位職責，本章將有詳細的介紹說明。

 # 第一節　督導的角色

一、督導的定義

督導人員一詞出自supervision或supervise，super有「從高處」也就是在上的意思，而vision則是「注視」，所以，supervision有「從高處注視」的意義。督導人員的任務內容也以領導、應勢利導、輔導等工作為主，故用「督導人員」稱之。廣義的督導人員是指對一個人、一個群體、一個部門或一個組織，對其作業直接領導及指揮所屬達成任務的管理人員。在組織內受較高管理階層的授權，對所屬員工有僱用、調職、停職、復職、加薪、升級、派工或解僱之權利者。因此，在企業或任何組織內的各級經理人員都可稱之為督導人員。

督導人員是企業及組織中的管理結構與生產結構間最重要的直接環節，企業及組織是否能健全及有效的運行，端賴這一個環節是否健全及有效。因為，督導人員有承上啟下、下情上達、團結士氣與提高生產力的作用，以達成企業組織目標。督導人員常被所屬員工們視為企業或組織的代表人物，其執行任務能力及態度，會直接或間接地影響到所屬員工們對企業或組織的行為和態度，進而影響到群體的合作及生產力。

督導工作的範圍、內容及應用變化非常之大，除了那些被稱為督導人員者之外，那些直接管理非督導人員活動的人員也被稱為督導人員。督導人員來自各種形態，各有著不同的社會、心理及經濟背景，以及不同的性別及教育背景。

二、督導的重要性

「人」的督導毫無疑問是管理方面最複雜、最困難的事。今日，組織各階層想要對人作督導的工作，將面臨著強烈挑戰，而且可能是前所未有的，因此更需要被注意和重視。

在餐旅業，負責督導技術與專業員工的督導工作人員，是任何一個組織中管理機構與作業機構間的直接橋樑。對員工而言，員工對組織、管理人員、工作及人際關係的感受，受到督導人員們之間的直接關係程度影響。對一個督導人員來說，成功的關鍵是仰賴其他人的共同努力來完成工作任務。所以，督導人員將會對他們的產品和表現更為慎重。想要成功的話，督導人員要讓部屬暸解你、贊同你，同時放手讓他們去完成。不過，先決條件就必須建立在如何去管理這些員工。

三、督導的任務

開始參與並且管理時，這時所擔任的就是督導職權。在當搖身一變成為管理者，首先就必須要清楚暸解，自己正接受一個全新的職位。對於舊的工作，已經能夠得心應手，而且也正因為這個緣故，才有機會受到擢升更上一層樓。可是，對於新職該如何做呢？對於現在的職責就是監督一群員工做事，無論他們處理事情的速度多慢、工作態度多惡劣或者他們把事情弄得多糟糕，督導的職責就

是要讓員工能完成工作，且並非事必躬親。

督導人員的工作是讓所有工作順利完成，而且是由全體員工完成。請記住，能夠得到主管這份工作，是因為自己本身是優秀的員工，以及是一個能夠落實執行工作的人。可是，在晉升為主管之後，就不是位在第一線的員工，而新的工作職務是透過所有員工的努力，完成公司交付的任務，而這也是公司老闆衡量督導人員的標準。

新上任督導的角色與以前身為基層員工的身分是有很大的不同，不論新主管是從內部擢升或從外部聘任，各自有不同的問題，主要是因為權責不同、觀點不同。不管喜不喜歡，現在都已經屬於不同的團體了，不再是基層員工了。主管的工作是透過所有同仁的努力，完成公司交付的任務，而非光靠自己的力量去完成，亦不能抱怨公司政策，而是要克服萬難，執行公司制定的政策，同時也要負責評核員工的考績、評估員工的工作績效，類似的權責非常多。因此，需要一些時間加以調適，這個過程雖然艱苦，不過，相信有志者必然能夠通過這些考驗。

此後必須以不同的角度與觀點看待事務，而職責就是擔心員工是否能夠順利完成被交付的任務。因此，對督導而言，員工和工作是同等重要的。每天工作的分配量視員工手邊待完成的工作而定，以飯店為例，當有很大的團體要住進來時，每個人須放下其他的事先去做些急需處理的工作。且大部分的時間都得親自參與部屬們的工作，幫助他們。故如何與部屬間建立良好關係也是很重要的。而激勵部屬及結合團隊是工作中重要的一環。如果部屬表現良好，督導人員就該適時地獎勵員工，反之，當部屬工作表現不好時，便要找出原因，並加以改善。簡單的說，就是要透過他人把事做好。換言之，管理者的任務就是「透過部屬使其達成組織經營的目標」。而管理者的工作就是工作的管理、部屬的培育、工作的改善、人際

關係的維持等。身為一個管理者，除了具有業務能力以外，還要能與部屬培育人際關係，以及從寬廣的角度來判斷事務的判斷力，愈高階層的管理者，則愈是要中和其判斷力。

第二節　督導的職責

　　身為督導人員，管理其他人的工作時，其責任就是負責管理以及替公司實現企業的目標。對飯店所有者及股東而言，其主要義務，是要經營商店產品來作為回饋，使企業能夠獲利。

　　當督導人員在餐旅企業時，必須與企業內部和外部的各式各樣群體打交道。對所有人或股東、顧客及所管理的職員皆負有義務，茲分述如下：

一、對所有人的義務

　　督導人員對所有人的義務，是使所任職的企業能夠獲利，一切行動都應該以幫助上司和實現企業確定的目標為出發點，並且是經營企業產品來作為回饋。企業所僱用的管理人員，就有義務對所有人或股東、顧客及所管理的職員負責。

　　假如公司告訴管理者須依照公司的方式執行任務，督導人員有義務照此去做，除非能夠提出更好的方式去進行此任務。公司支付薪資是以公司的方式，而員工只要盡本身該有的義務去替公司完成所需的任何事，不過在道義上和法律上必須是合法正確的。

　　部分公司上司對每件事都有一個制度，且不想去改變任何事，只想要有人去督導公司立下的制度，這時就不能不同意這樣的做法。例如在速食店中，發現公司沒有放足夠的薯條在每個盤子上，

督導人員覺得顧客其實需要更多，這時督導人員會在每次顧客點餐時增加那些少量的薯條嗎？答案是不會的！因為，若這樣做時就與原有的制度背道而馳。所以，督導人員只須監督員工遵循制度。

部分公司在僱用人事後，卻不會告知要如何完成公司想要的事情，而這種情況經常發生在餐旅業；其對員工有一定的期望，但卻不用言語表達：公司希望員工能知道什麼是公司想要的。因此，督導人員就必須去找出，一旦發現了問題，就能立即得到解決之道。

在飯店或餐廳事業，或是其他類型的餐飲服務業務，幾乎每一件事都須依賴基層員工；這些人烹煮食物、服務用餐、製備飲料、清洗碗盤、安排客人住房和退房、清理房間、搬運行李、打掃樓層。很多企業是依賴基層工作者表現而成功的，這些員工製造產品和服務顧客，因此，要如何妥善經營呢？不當的管理，則產品或服務品質便成為企業的困擾。所以，挑選適當的人才管理這些員工，便是掌握了事業成功之鑰。

督導人員管理及督導員工製造產品或服務表現，督導人員也要為產品負責，一是產品的數量，二是服務的品質。通常一位管理人是該企業部門單位的主管，並負責該單位的工作。在大企業裡有很多管理的標準，管理者必須要能向公司報告員工所需要負責的工作部分及所該達到的目標，並能夠輪流來負責公司的表現。所以，督導人員管理第一線員工，而這第一線的員工管理者和每單位的主管是本書主要的焦點。

二、對顧客的義務

督導的第二個義務就是對顧客的管理。顧客是飯店、餐廳生存和公司最重要的利益來源。如果做的不好，就可能會失去重要客源，所以對這些重要的顧客群服務，似乎是明顯的且需要加以重視

的；而差勁的服務或者是太過平凡，將是餐旅業中一大失敗原因。而大部分的顧客不會反應那些不良的服務，不過也不會再次光顧了，或是事實上，職員根本就不瞭解顧客真正的需要為何。

評估以下的方案：

你是一位顧客，經過一段長時間且疲倦的旅行後，到達一個你先前已預約的飯店，而飯店人員卻以兩倍的時間從頭到尾翻閱她的記錄卡，或是敲打電腦鍵盤後說：「沒有，你沒有訂房。」此時，你的感覺如何？相信你會感到失望和生氣，因為自己確實是有預訂。這時你問：「那還有任何房間嗎？」服務人員說：「有的，還有空房間，但你沒有預約。」現在你不只是失望和生氣，而是開始對這家飯店產生「印象不佳」的想法。你說：「好吧！我要一個房間。」之後，她給了你一個房間。而當你忿忿地拿起行李時，她卻又說了：「但是你沒有預訂哦！」此時的你，還會再去那間飯店嗎？答案可以很確定是不會的。明顯地，那位櫃檯服務人員未曾接受過顧客管理上的訓練。多數時候機會是寶貴的，當員工不專心地去服務顧客，就很容易責備顧客一些不合理的要求，而且有時會覺得假如不是為了顧客，在同樣的時間裡可以完成更多的事。但是，別忘了，如果不是這些顧客，業者可能無法生存。因此，身為管理者必須完成公司的需要和欲望，而這也意謂著要訓練員工能擔任此義務。

在飯店或餐廳，顧客通常見到的只有工作人員。例如飯店中客人會看到櫃檯人員、房務人員、咖啡廳裡的服務生；而在餐廳中顧客會看到服務生、酒保或出納員。當顧客以電話訂了一份午餐或者由餐廳用完餐的整理工作、訂房、退房等等，這些事該由什麼人來負責呢？這些所有的工作人員就代表著督導人員，藉由他們來傳達企業整體的形象。所以，督導人員有義務讓那些顧客看到工作人員時，是傳送企業所提供的保證服務和產品。因此，督導人員應該要

以身作則，喜歡那種去照顧別人的感覺，讓所管理的工作人員工作表現更好。

要想實現企業的目標，就必須提供給向客人重質重量的產品和服務。企業在開始確定目標時，就要把客人對這些需求的想法考慮進去。主管須站在客人的角度來看待飯店的經營管理和自身的工作。在這裡就需要運用另一條準則，即「假如是客人，會喜歡什麼樣的產品和服務呢？」如果能夠回答這個問題並注意改進自己的工作，這就是在為客人盡責。

三、對下屬的義務

作為主管，應該要認識到對於下屬的責任。首先，從人際關係的角度出發，應該把員工看成是有著不同背景、不同態度和不同要求的獨立個人。假若能做到這一點，那就是在幫助企業、幫助員工，同時也是在幫助督導自己本身。對員工還負有其他責任，包括：提供一個安全的工作環境，對上充分代表員工，執行紀律要公正嚴明，凡與員工有關係的決策要公平，並保持一貫性。

另外，主管還應向員工提供職業培訓的機會，其中包括須對員工工作崗位介紹、培訓和個人評估。如果主管只想保住自己的位置而阻止員工的發展，那不但表明他並不關心員工，而且也表明他對自己與企業的關係缺乏正確的認識。

此外，工作環境是最重要的管理因素之一。不良的工作氣氛會引起高頻率的人事變動、低生產、劣等品質，甚至最壞的結果是減少了顧客；這些問題容易出現在餐廳、飯店。

專欄 1.1　**督導的職責**

對下列人員，督導負有什麼樣的責任？

1.上司對督導人員的期許。

2.督導人員對督導人員的期許。

3.部屬對督導人員的期許。

 # 第三節　督導階層

一、一般企業督導人員

　　企業組織內部垂直階層劃分甚詳，除了管理與員工兩階層的粗略區分外，尚包含其他類別。一般而言，為表示不同管理階層，組織皆訂有詳盡的職稱與頭銜，不過，訂定方式卻沒有一致的依據，而且同樣職稱所代表的意義、階級也不盡相同。社會學家派深思（Talcott Parsons）將管理階層歸納為三種層次：(1)技術層次（technical）：領班（supervisory）；(2)管理層次（managerial）：中階經理人員；(3)策略制度層次（institutional）：高階經理人員。

(一)領班

　　領班的作業、技術和第一線管理人員皆位於非管理階層員工之上，主要職責在於督導和輔助員工，使其工作順暢，確保組織目標

的達成以及政策的執行。因此,領班必須擁有良好的技術能力和人際溝通技巧。

領班通常需處理許多文件作業,並履行合約要求,工作負荷不輕。尤其新上任的督導,其身分定位的問題,亦常導致困擾,領班職務到底歸為管理階層或者一般員工,常混淆不清。

(二)中階經理人員

中階經理人員的職責隨組織狀況而異,各組織所擁有的中階層數也不盡相同,不過,大體而言,督導其直屬的管理人員,是其主要的任務。中階經理人員可謂第一線管理者與高階管理者之間的資訊、溝通橋樑,由此可見,人際和行政技巧是優秀的中階經理者不可或缺的條件。

(三)高階經理人員

高階經理人員位於組織結構最上層,人數最少,責任擔負與互動網絡最廣闊,而且需花許多時間與外界相關人士接觸。人際技巧與概念思考能力是高階經理人員必備的特徵。高階經理人員(或稱總裁,chief executive officer, CEO)肩負企業成敗重任,主要任務可隨環境要求而改變,相當具動態性,若未能順應變局,將承受失敗的厄運。

管理是相當繁複、分化的活動,強調秩序、規劃與控制。管理者藉由與他人共事,任務分配,以極具效率與效能的方式達成組織目標。當組織目標、環境機會和限制轉變,管理者必須運用許多技術性、人際關係、行政和概念性思考能力扭轉困境。

凡正式性組織皆具有轉換資源的功能,依賴環境,與其保持密切的交互作用,並藉由垂直、水平分工達成預定目標。基本上,所

有組織均需要管理。

二、餐旅業督導人員

　　就餐旅業的督導人員分述，包括總經理、餐廳的經理、各部門的經理、副理以及那些指揮基層員工的領班皆被視為主管。儘管這些人確實是在管理別人，但一般來說還是經常把以協調和指導為主要職責的管理人員稱為主管。把主管與那些主要是負責高一層次的計畫、組織、人員配備、控制和評估的經理人員作比較：飯店業的主管通常是指指導基層員工並要對自身工作負責的人員。

　　接著藉由管理階層來瞭解主管這一層級。雖然多數大型企業都有這三個管理階層，但是不可能每一個企業都劃定哪些職位屬於哪一個管理階層。例如在一家私人旅館中，除了總經理或許還有副總經理或駐店經理被視為是最高管理階層，部門經理被視為中層管理人員。其他人的職責範圍內若有一部分是督導別人的工作，這些人則劃為督導層管理人員。

　　因此可拿一個大型綜合飯店與上面的例子做比對。在這個大公司中可能有一個董事會、一個總監、若干總經理，或許還有幾名地區經理，如果把這些人視為最高層管理人員的話，那麼公司下屬的各飯店的總經理和副總經理，連同部門經理就可視為中層管理人員。但是，根據本書的出發點，將站在各下屬飯店的角度來劃分管理階層，這樣我們就可以把總經理及其直接下屬（副總經理）視為最高管理階層，把部門經理劃入中間管理層，把其他一些負責管理下屬職責的人員列入督導層。因此，要想劃定各家飯店的具體的管理層次，就必須對他們的情況逐一加以分析；然而這種區分往往意義不大。

　　討論管理階層時還應該注意另一個重點。在大多數企業中，最

圖1-1 管理階層金字塔

高層管理人員相對來說很少，中層管理人員多一些，督導人員就更多，非管理人員（實際上形成企業的根基）組成了最龐大的員工隊伍，也使我們想起了「階梯」這個概念（如**圖1-1**）。主管處於非管理人員與上級管理人員的中間，顯然就需要主管從中進行協調和溝通，以便使企業保持有效的運轉。

 第四節　成功的督導

一、成功督導的特質

許多傑出、卓越不凡的督導者，受到部屬的喜愛，下列幾點通常屬於領導者的特性：

(一)堅定不移的勇氣

好的領導人具有動力與耐力，思考要周密，分析任何可行的方法，不畏困難、不怕挑戰。好的領導人有無比的勇氣和毅力，追逐成功的強烈欲望，鼓舞部屬一同完成任務；好的領導人知道，只有

抱定誓必成功的欲望，才能順利完成困難的任務，同時工作時間也
會比擔任幹部前來得多。

(二)明確的計畫

傑出的督導者能夠和部屬共同建立明確的工作目標，瞭解目標
的方向，要如何去達成，而且能集中焦點，擬定工作執行的優先順
序以達成計畫。讓部屬確實明白該做些什麼？要往哪個方向進行？
這樣明確的計畫才能幫助工作目標的達成。

(三)充滿自信心

優秀的領導者通常具有自信心。絕不會杞人憂天，只要按部就
班地完成每日的工作，自然有一天會成功地達到目的。如果想成為
領導者，不妨先設定中、短程目標，然後在原定計畫外，另外準備
應變計畫。

(四)具有創造力

具有創造力才會對於可行的解決之道採取開始的態度，鼓勵員
工一起思考，並在採納員工的意見時給予適當的鼓勵。好的領導者
會運用創造力，並具有思考新計畫的原動力。

(五)充滿熱忱及熱情

傑出的督導者具有積極、熱心的態度，熱愛自己的工作，全心
全意的投入，任何時間都是精神奕奕、精力充沛，上司的熱情也會
感染給部屬，讓部屬充滿活力。

(六)具同情心和諒解心

具有同情心的人，就是一個具有良好「人際關係技巧」的人，會知道怎樣去關懷別人，與人相處，試著去想像所羨慕的人，並模仿其行徑，為員工設身處地著想，同時也要己所不欲，勿施於人。好的督導者會懂得體諒別人的感受。

(七)善於溝通

傑出的督導者具有很好的表達能力，能夠清楚地表達自己的想法、說服別人，將意思明確地傳達至對方，也使對方確實瞭解他的意思。而且樂於傾聽，瞭解別人的意見，接納其他人的意見，做雙向的溝通。

(八)團隊精神及擅長領導

傑出的督導者不但能力強，而且懂得帶領別人，瞭解每個人員的需求，給予適時的激勵和輔導，維持團隊高昂的士氣。傑出的督導者懂得運用自己的知識、經驗及能力去幫助部屬創造更高的成就，他們真心的關懷部屬，以團隊的成就為傲，不計較個人的得失。

(九)足夠的教育學習

好的督導者瞭解受教育學習的價值。督導者在完全瞭解職務的狀況下發號施令，並親身示範，別人的敬意會因而更增添幾分。身為領導者，必須經常閱讀商業雜誌，參加所屬機構內舉辦的研習會，並選讀大學或教育中心所開辦的一些課程。傑出的督導人員學

習心強烈，不斷地吸收新知，而且樂於和部屬分享。督導人員在學習中成長、改進，不以短暫的成就自足。

二、督導失敗的原因

許多公司試圖研究督導失敗的原因，以防未來重蹈覆轍，幾個主要的失敗因素有人際關係不良、性格和品行上的不適應、不當的態度及管理工作的能力等，茲分述如下：

(一)人際關係不良

在管理上缺乏專業技術只是督導工作不佳的原因之一，最主要的失敗原因往往是在人際關係上，這種人際關係的失敗通常是由於對人性缺乏瞭解，同時本身也不太能跟別人相處工作。這類的督導人員，在與部屬、同事及上司一起工作時會感到困難。當督導不能與員工、同僚或上司和睦相處時，就沒辦法對員工進行有效的督導，在督導上就會導致勞動生產率低、士氣低落、人員流動以及其他問題。一旦發生這種情況，各項工作就達不到質量和數量要求，督導工作也就不能順利完成，與上司關係惡化常常是最後的結果；輕者，從此升職無望；重者，則被降職或解僱。

(二)性格和品行上的不適應

性格和品行上的不適應也是常見的問題。很多督導者本身就缺少此一成功的督導者必備的重要特質，因此就不可能有所成就。譬如說正直、主動、公正、服務、熱誠及穩定的情緒等。這些都是要成為好督導所必備的條件，而這類的缺陷，可藉由誠實的評估、瞭解自我的優缺點以及不斷地努力來改進。

15

(三)不當的態度

　　不當的態度經常可由我們日常生活中的行為舉止表現出來。所謂態度就是指個體對事物的主觀傾向，會直接影響個人的行為及表現。態度不明朗、自我形象不佳或者有行為問題的督導，則容易變得信心不足、軟弱無能；在此要強調態度消極造成的影響。餐旅業督導是透過下屬員工將工作做好，需要有高度團結合作的精神。從基層升遷的督導時常無法瞭解管理部門的觀點，無法認同管理者。督導人員可能仍保留著部屬的觀點，或者是兩者都脫離，不上不下地無所適從。有時無法瞭解紀律的重要，因此逐漸損傷自己的信心，以致無法領導部屬。

(四)管理工作的能力

　　一個督導人員除了在帶人方面的缺陷外，缺乏計畫、協助用人、指導、控制、協調、評估等管理工作的能力，將造成督導人員和企業嚴重的問題。然而這些並不是無藥可救，自身及他人的時間和經驗就是克服這類困難最大的依靠。譬如參加科班訓練，請教此方面的專家，甚至進學校受教育等均是可行的措施。

　　透過上述方法，督導可以學會如何更好地督導員工，以及如何圓滿地完成各項管理工作，透過實際體驗，督導還可學會必要的專業技術並加以改進提升。隨著督導在工作方面變得越來越熟練，將會消弭引起消極態度和自我形象差的一些根源。管理實際教育對於餐旅業所有經營活動以及參與活動的督導，具有十分重要的意義。

三、成功督導的要訣

　　多年來，管理專家們一直在尋找成功督導的特徵。透過研究，可以從諸如文化水準、經驗、智能和個性等因素去考慮。然而正如大家知道的，人與人是不同的，督導們所處的工作環境當然也是不一樣的。如果無法列出一名成功的督導所應具有的特徵，即無法找到成功的督導方式之要訣。所謂領導才能或功能督導，只是指在同一個環境，也就是人與人之間的一種關係。在某種環境裡可以成為一個好的領導者或好的督導，但換一個不同的環境就未必這樣。所以在討論這方面的問題時可以考慮以下的原則：

1.不同的員工或員工群體只能適應不同的領導方式。督導要先瞭解下屬，並瞭解他們的需求。有些員工需要大量的督導，有些人則無需督導也能做得很好。在某種環境中，只要督導的領導方式與下屬的要求一致，部屬的工作就能更有成效。

2.督導本身必須熟悉員工所做的工作，並且自己也能做好。

3.督導必須與員工緊密配合。必須瞭解員工群體的目標，瞭解員工本身關切的問題和碰到的困難，要與這些群體打交道。

4.好的督導總是千方百計發展一些活動，並具有熱情、喜歡帶頭、愛出主意。

5.好的督導勇於承擔責任、接受工作。在決策和解決問題時總是先考慮公司的利益。

6.成功的督導也是好的溝通者。其本身的口頭表達、聆聽及寫作能力對於達到上下溝通有著重要的作用。

7.好的督導能夠接受工作要求和壓力。事實上，有能力把這些要求和壓力變為動力，促使自己把工作做得更好。

8.好的督導訂有計畫。這種計畫包括企業的目標和自己的職業目標，還包括實現這些目標的策略。能夠滿懷信心地去尋找有益的經驗，以期更順利地實現這些目標。

9.好的督導對企業、對自己的工作崗位、對員工和員工群體都抱有一個積極的態度。也就是說，其個性必須是堅強的、積極的，這樣才能去影響和改造其周圍的環境。

10.好的督導有一個清晰的自我形象。要能做到實事求是，並得到自我價值，知道能為企業和行業提供什麼貢獻。根據馬斯洛的理論，人總是在不斷地力爭滿足更高的需求；這可能已經超越了生理、安全感和歸屬感這幾個方面的需求，而開始關心自我價值和自我實現方面的問題。

11.好的督導能做到個人行為一貫端正。當然這還不止限於遵守公司的政策和規定。這也是成功督導的一個特徵。

12.好的督導能採用適當的領導方式。一名好的督導能經常有意識地以不同的方式對待員工，以便能找出員工各自的不同點。在判定督導與下屬的關係好壞時，應該把督導方式的使用是否恰當作為主要的依據。另外，督導的領導方式也決定了督導人員本身的工作習慣。

專欄 1.2

改進計畫

找出一位部屬,你想把他帶得更好。

1. 請列出你覺得帶領他不得要領的地方。

2. 請列出你能做到的改善方法:

例1:因為他是表現良好的員工,而我期望有較佳的表現。

例2:我將對全體部屬一視同仁執行標準。

例3:我要適時的讚揚他。

例4:我沒有花時間去讚揚他。

3. 如何知道你在這部屬身上所做的努力成功與否?

例1:他的表現會比以前更好。

例2:他會更積極工作。

【練習一】督導人員生涯的一天

　　請學員在本篇文章以底線畫出督導人員的職責有哪些？做完之後分組討論。

　　王怡華是某大飯店的訂房組督導人員。手下有十位日班和二位夜班的部屬，而她則直接由客房部經理羅大宗監管。王怡華現年二十八歲，已在此飯店服務九年，而訂房組督導人員已當了三年。

　　當王怡華早上到達辦公室的第一件事情便是檢查人員是否到齊，如果有人缺席，她就必須作些人員的調配。然後尚須檢核前一晚的工作，確定每一件事都在良好的狀況之下。

　　在星期一，王怡華須作出這幾星期的營業預估，這種預估包括集會及團體訂房。她須和櫃檯經理商討，決定哪幾天將不接受訂房。按照上述事項王怡華才能排定部屬的班表及公休，同時分派必要加班的人員，通常她都要求部屬們休假時要提早幾星期告訴她。

　　每天工作的分配視手邊待完成的工作而定，當有很大的團體要住進來時，每個人均須放下其他的事先去做些急需處理的工作。然而電話訂房經常占日常工作中多數的時間，而使得一些工作無法順利一次完成。因此王怡華大部分的時間都親自動手跟部屬們一起工作。

　　除了上述的工作之外，王怡華還要安排部屬的吃飯時間，通常部屬是成雙的去用餐，這是很容易安排的，然而在某些特定的日子裡或由於人員不足，為了保持足夠的人員當班，吃飯時間的安排確實成為一個問題。其另一個職責是分發信件，信件訂房分為一般訂房及團體訂房兩種。

　　這一天，王怡華必須和部屬小珍坐下來談談有關她的態度、引導、諮詢、協調。王怡華已經把這個面談拖延了幾個星期，因為小珍是她最好的部屬之一。但是她也不得不正視其他部屬對小珍的壞脾氣及不禮貌的怨言。

　　王怡華認為和部屬建立良好關係也是很重要的。她在排班表時盡力配合部屬的個人需求，也試圖瞭解部屬間摩擦的原因，並盡可能地去防止摩擦的發生。當部屬的壓力太大時，王怡華會想辦法減輕他們的負擔。剛從學校畢業的文婷非常聰明並且工作努力。她已做了兩個多月了，可是一碰到壓力就緊張起來。昨天她處理一個百餘人的團體，將日期弄錯了，還好王怡華即時發現並更正過來。至今，王怡華仍在生氣，她認為這是不可原諒的疏忽，無論如何文婷都應該做到複述客人的話，確認訂房資料以避免錯誤，然而這是文婷的第一個工作。王怡華知道必須找她談，但是她自己要先冷靜下來。

　　王怡華知道激勵部屬及結合團隊是她工作中重要的一環。如果部屬表現良好，她便會獎賞，有時候她甚至要求組長們在部屬工作表現優異時說聲「謝謝」。另一方面，當某部屬工作表現不好時，她便要找出原因——是不是不瞭解這項工作內容？還是故意做不好？或是已經厭倦了？若是故意的，那又是為什麼呢？

　　王怡華時常督促部屬完成工作，最近她很注意小美的工作成果，因為她沒有準時完成所交付的工作。小美接受過基本訓練，王怡華覺得她能勝任其工作，但小美似乎忘記了某些程序。

　　今天，王怡華還需要挪出一些時間計畫下次的溝通會議，她每兩週都需要挪出時間計畫下次的溝通會議，每兩週都要跟部屬們開一次溝通會議。這期會議的主要事項是公布公司休假及請假制度的變更。另外，王怡華還注意到部屬們很在乎有關下週大團體住進飯店時的班次安排，她覺得這需要在開會中提

出來大家討論。

　　時而王怡華亦需要執行對部屬的工作考核。她認為評估部屬是否達到工作標準以及將實情告訴員工並不困難。事實上，部屬們通常是知道自己做錯何事，心理也有準備上面的告誡。較難的往往是找出問題背後的原因——不良的態度、缺乏團隊合作、不瞭解或誤會了工作指示等，然後再訂定解決的辦法。換句話說，將目前的工作表現提升到應該有的標準。

　　王怡華跟她的主管羅大宗工作上合作得相當不錯，她認為這對她的工作效率是非常重要的。但偶爾仍然會出些小問題，譬如說，有一次部屬阿勳因找不到王怡華，轉而向羅大宗請示有關變更宴會廳檔期的事，羅大宗指示可以更改，然而他忽略了有關客人的特別需求。當阿勳事後發現時，他必須變更幾個團體來擺平這事。

【練習二】督導人員的特質

　　你具有何種程度的領導力特性？就下列每項特性給予0（一點也不具備）到5（完全符合）等不同階段的評分。

	低					高
追逐成功的強烈慾望	0	1	2	3	4	5
足夠的教育	0	1	2	3	4	5
好的判斷能力	0	1	2	3	4	5
感同身受的能力	0	1	2	3	4	5
自信心	0	1	2	3	4	5
創造力與原動力	0	1	2	3	4	5

　　上述督導特性中，哪些你仍有待加強？選出評分低於2分的項目，並擬定相關的加強計畫。

第二章

督導的管理學

- 管理的定義及演變
- 管理過程剖析
- 督導所需的管理技能
- 向上管理

　　管理是身為督導要學習的重要課程之一，要瞭解並懂得如何把管理運用在工作上，因此本章要論述的重點就是督導人員所要認識的「管理」，包括管理的定義、管理過程如何分析及督導所需的管理技能及向上管理。

　　想要成為一名好的餐旅業督導，首先必須瞭解管理的基本原理，然後運用這些原理去管理飯店的全部資源。雖然本書重點討論的是在人員管理上的督導工作，然而我們必須懂得人力資源只是飯店需要管理的資產的一部分。飯店在實現組織的目標的過程中，也要考慮其擁有的資金、時間、工作規程、服務項目、產品、設備以及能源等其他資源，並要盡可能有效和最巧妙地利用這些資源。文明人與自己的祖先的區別是，隨著生活方式和商業活動的演變，需要與他人合作。當然，我們希望耗費最少的時間、資金及其他資源來實現企業的目標。而要使願望成為現實，就必須運用「管理」這個手段。

　　管理工作對於企業的各層級都是重要的。讀者可能認為，實現企業的目標只是最高管理階層的責任。然而，中下層管理人員及其下屬員工本身，對企業的目標是否能成功實現也是至關重要的。所有行業包括餐旅業和每一行業所有的層級中，儘管企業的目標和管理人員工作的情境不同，但其管理過程從實質上來看卻都是相同的。在餐旅業中，督導這個名稱是指基層的管理人員。所管理的人員是處於最基層的員工。例如，餐廳領班管理餐廳服務員及實習生，房務部的領班督導房務部服務員的工作。督導對飯店的成功有著十分重要的作用。對於大多數員工來說，他們是代表中高級管理部門。反之，對上級管理部門來說，他們又代表下屬員工。從這一點來看，督導是連接上下的「積極」的作用。

　　督導人員必須掌握及熟悉飯店大量的操作技術，所以工作中大部分是集中在人際關係，既要與上司又要與下屬打交道。由此可

見，必須具備豐富知識，既要懂技術，又要懂管理企業各種資源的基本原理；督導人員也必須懂得如何管理員工。這兩項工作運用管理的基本原理和對下屬員工進行督導，對於餐旅業中所有的督導來說是共同的職責。既然對員工進行有效的督導是整個管理工作的一部分，所以就必須懂得何謂「管理」，管理的步驟有哪些，以及如何運用管理的基本原理來指導要做的工作。

 # 第一節　管理的定義及演變

一、瞭解管理學的重要性

管理乃指有系統地運用組織所能運用之人力、物力、財力與科技，朝向既定目標，以期順利達成任務之整個行為過程。此一行為過程乃以「人」為中心，是故管理課題自然環繞於人與人之間的關係上。唯科技發展一日千里之現階段，組織資源之運用，往往不必再透過「他人」。是故沒有「他人」或幕僚時，同樣有管理之行為。

管理就是利用你所擁有的資源去做你想做的事情的過程。管理者擁有的是資源，要執行的是實現企業的目標。餐旅業督導人員所管理的資源可分為七種基本類型：(1)人；(2)資金；(3)時間；(4)能源；(5)材料；(6)設備；(7)工作規程。這些資源的供給都是有限的，沒有一個督導人員能夠得到他想要的足夠的資源。因此，督導的工作，部分意義，就是確定如何最有效地使用現有的有限資源，去實現企業的目標。管理者必須運用管理的基本原理，使資源利用達到最大化。

　　顯然地，古代希臘和羅馬等文明國家，在管理其政治官僚機構方面，若沒有相當的描述是不可能獲得發展的。羅馬教廷和其實際組織以及發起的征服南歐各國的幾大戰役，都被看作是早期有效管理的範例。但管理作爲一個系統或一門學問，卻沒有引起廣大的注意，只是作爲生活中的一個現實被人們接受。具有諷刺意味的是，儘管長期以來人們迫切希望找到一些能幫助經理們提高管理成效的原理和策略，但管理理論和管理模式的實際發展卻只是近年出現的事情。事實上，人們是在二次大戰後才開始重視管理，並作了持續集中的研究。在此之前的幾百年間，科學家、哲學家和作家們對經營管理活動是不屑一顧的，他們潛心研究別的學科。甚至經濟學家對經營活動也往往只注重於作政治、經濟及其他非管理方面的研究。

　　對管理的研究起步較晚的一個重要原因是像社會學、心理學等社會科學中的許多學科，慢慢地才分別開始重視對企業組織中群體和個人行爲的研究。而有些人現在仍然認爲不能把管理當作原理來討論，它只是一種描述，不能稱爲科學。儘管這些問題是過去提出來的，但企業家卻也不願意對管理的基本原理進行總結和發展。一些人感到沒有這個必要，因爲他們覺得懂不懂管理一個樣。另一些人則深信過去行之有效的管理轉移到將來也管用。

　　自30年代起，管理理論的發展受到了一些管理思想家和社會、政治勢力的影響。第二次世界大戰及以後的各國防務計畫都強調，要用最少的開支來獲取最理想的生產效益。要做到這一點，就必須採用正確合理的管理方式。另外，隨著企業規模的擴大和複雜化，人們必須認眞考慮如何使經營活動正常開展。在當今如此競爭激烈的年代裡，能否取得競爭優勢，是決定企業命運的重要問題。隨著企業必須購買的原料和產品價格的上漲，消費者對此提出了「貨價等値」的要求，迫使管理者必須去認識和運用管理理論。這對於保

證企業的成功是必備的。

二、管理學理論

(一)科學管理學派

　　今日所瞭解的管理，是十九世紀末由美國的泰勒（Frederick Taylor）開始的。他被尊稱為現代科學管理之父。儘管他的不少思想基點可以在別人的一些早期著作中找到，但他仍屬於首批對早期發現進行仔細研究和加工、力圖建構一個完整管理體系的先驅者之一。泰勒的理論是為了能被廣泛應用而創造的。但這些理論的提出只基於對工廠管理的觀察，而不是對一般大公司管理觀察。其所關切的部分是出於提高勞動效率。特別專注於研究如何計畫工作時間，制訂工作表現標準和工資標準等問題。泰勒也研究影響工作質量、工人情緒的因素及其他一些工作方面的問題。經過這些精心的研究，終於創了一門管理理論科學。另外，提出了挑選工人的步驟，並指出必須對工人進行科學的教育，使他們得以自我發展。

　　在同一時期裡，亨利‧甘特（Henry Laurence Gantt）對他提出的工資刺激和獎工激勵辦法進行了試驗。還創立了以其名字命名的甘特表。至今人們仍利用此表來制訂生產計畫、安排員工工作時間和配置設備。另外，法蘭克‧季伯來茲（Frank Gilbreth）和莉蓮‧季伯來茲（Lillian Gilbreth）兩人也對工人的厭倦情形進行了分析，研究改進工作的方法，並指出增加員工個人福利的必要性。這些管理學家的研究都著重於如何提高工人的效率，以及如何滿足工人的個人需求。

(二)管理程序學派

亨利・費堯（Henri Fayol）力圖把成功的管理實踐變爲可以廣爲應用的系統理論，因而被世人視爲管理行爲科學的創始者。並對成功經理所具備的能力作了分析，提出了以下幾個管理基本原則，其中不少原則今日仍被人們廣泛運用：

1. 分工：在各種工作領域都實行專業化分工。
2. 權力：管理人員必須能下達命令。
3. 紀律：員工必須尊重企業管理的規章制度。
4. 命令的統一性：每一個員工只能有一上司。
5. 指導的統一性：對每一個具體的目標只能制訂一項計畫去實現。
6. 整體利益：員工的個人利益或員工群體的利益必須符合企業整體利益。
7. 報酬：薪資管理辦法必須公平合理。
8. 集權化：視個別狀況決定職權集中或分散的程度。
9. 組織結構等級系列：權力線應從企業的最高層貫穿到企業的最低層。
10. 用人之長：應該把人員安排到最適合他們的崗位上。
11. 保持員工隊伍的穩定：員工流動率高會降低工作效率。
12. 主動進取：鼓勵部屬主動提出計畫並予以執行。
13. 團隊精神：員工們作爲一個集體一起工作時會有一種團結感，這對企業是有益的。

(三)行為學派的管理理論

　　30年代末，美國的巴納德（Chester Barnard）提出了一整套理論，主張企業必須把其目標與員工的目標緊密結合起來。他從實驗中獲得幾點發現，其中之一是，如果管理部門能關心工人，他們的勞動效率就會提高，並作出結論：工人需要的不僅是私人經濟上的滿足，更需要得到個人情感上的滿足。哈佛大學教授梅奧（George Elton Mayo）為此提出了不少用以改變人們領導方式的辦法。他主張應把注意力從專業技能轉移到人員管理方面。他還提出了群體力理論。然而這些理論在實際使用價值上仍有一定的局限性。雖然工作條件改善了，管理人員也學會善用人際關係技巧，但是勞動生產率提高的幅度卻不如期望。

　　60年代時期，馬斯洛和麥格雷戈（Douglas McGregor）等行為學家提出了所謂「工作人」的人類行為論。馬斯洛認為，人的一系列需求，給了他希望改變自身的各種理由（動機），是受內心支配的。倘若老闆能夠做到理解員工，理解他們最迫切的需求，那麼就可以比較容易地計畫各種激勵員工的活動。換句話說，每個員工都受到一種內在力的驅動，希望滿足某種需求；倘若督導能夠找出這種需求，並幫助員工從工作中得到滿足，那麼員工和企業兩方面都將受益。

　　馬斯洛提出的人的五種基本需求為：生理需求、安全需求、社交需求、自尊需求和自我實現需求。在馬斯洛看來，人只有在滿足了低層次的需求後才會有興趣再去實現更高一層的需求。只有在低層次的需求得到了最低限度的滿足後，才會去關心如何滿足下一層的需求。儘管各種需求都不大可能會得到澈底的滿足，但可以看出滿足程度最差的需求就是激勵他的最強烈的動機。任何時候都會有

一種或數種需求處於活躍狀態,其他需求則沉寂不動。應用馬斯洛的需求層次於工作中,如下所述:

1. 生理需求:食品、衣著、住房和生存。透過良好的工作條件、滿意的薪資、足夠的休息時間等得以滿足。
2. 安全需求:自我保護,避免冒險、痛苦和傷害。透過安全的工作條件和設備、各種工作保障措施和保險措施等得以滿足。
3. 社交需求:友情與歸屬感。透過加入群體、建立友誼以及與同伴相處等得以滿足。
4. 自尊需求:個人自豪感,受人尊敬。透過使用各種獎勵制度,成功地完成難度大的工作,所提方案能得到賞識得到滿足。
5. 自我實現需求:獲得個人發展。

大約在同一時期,麥格雷戈提出了領導方式的理論,並提出對不同類型的員工可能要採取不同的管理方法。他提出的「X理論管理模式」和「Y理論管理模式」,對於督導如何看待員工是很有啓發性的。這些理論很可能會對管理員工的各種領導方法產生影響。麥格雷戈發現,不少管理者抱持著傳統的觀念(X任務),認爲必須採用強制手段並不斷地加以監督。X理論以「做不好就拿得少」這樣的話來威脅員工。

相對地,不少專家所肯定的Y理論則認爲,員工是願意工作的,能夠實行自我控制,並能努力去實現工作目標。抱持這種新觀點的管理者認爲,員工並不像過去人們所認識的那樣,他們希望承擔工作並能努力幫助企業實現目標。

(四)管理科學學派

　　二次大戰後，出現了一個管理的新方法，試圖應用更複雜的、以計量爲基礎的科學方法，尋求解決組織中的人與工作的問題。這個新方法稱之爲管理科學學派（The Management Science School）。

　　在二次大戰期間，美國開始了一項重要研究計畫，希望應用計量方法（quantitative methods）謀求解決軍事與後勤支援問題。例如提高飛機轟炸的命中率、發展偵察潛艇位置的程序、供應品與設備運輸位置的選定等。研究計畫的大部分都需要在科技性小組方式下進行。小組中成員的科技學者專家包括工程師、數學家、統計專家、經濟學者、心理學家以及社會科學工作者。戰後，人們認識到這個新發展的方法，不只是運用在軍事方面，而且可以廣泛運用在工業和企業管理方面。

　　管理科學原則（management science principles）的應用，循著兩個步驟發展。最初，新方法大都是趨向於製造功能，因而迅速的應用於生產管理（production management）。這是由於管理科學原則，適合運用於有關原料流程（flow of raw materials）、質量控制（quality control）、存貨控制（inventory control）以及新製造程序等問題。後來，由於管理科學家與實踐者認識到，這個原則不只是可以應用於生產製造問題，還能夠應用在其他的組織功能（organizational functions）方面。這項應用上的轉變，遂產生了管理科學方法發展的第二個階段，稱之爲作業管理（operations management）。現今，管理科學原則廣泛應用於組織上的各種問題，例如：人事日程安排（personnel scheduling）、企業規劃模式（business planning models）、模擬決策活動（simulated decision-making activities）等。

(五)管理方式的結合

古典管理方式著重於工作情境和工作情境中的人；而行為模式強調的是員工個人或作為群體一分子的個人，強調個人與管理者的關係。管理方式的結合考慮到了企業是由許多緊密相關的部門所組成；由於企業內部任何一個部門的活動都可能影響其他部門的活動，因此不應孤立地看待要做的工作、工作情境、員工或管理者，而必須把企業作為一個整體來加以研究。例如在飯店裡，我們不能只著眼於客房部並單獨作出決策，而不考慮它與飯店其他部門的關係，以及這些決策對哪些部門會產生什麼後果。這種管理方式，要求管理人員必須去尋找哪些強調最有效地利用各種資源，來實現各自目標的基本管理並加以應用。

各級管理人員必須確保部門的目標符合企業的總任務；必須使自身部門和其他部門的工作一體化；必須做到巧妙地去使用有限的資源。權變管理理論認為各種情況是不相同的，因而各種具體做法的結果也不同。對這種情況行得通，換另一種情況就可能碰壁。因此，管理者的任務是根據具體情況找到對周圍的環境和特定的時間、人員等因素考慮最為周密的管理技巧。

 ## 第二節 管理過程剖析

管理過程是由若干個階段組成的。雖然是互相連接的，但我們仍可以分開進行討論。每個階段訂定了管理者應做的事情，作為其工作的一部分。應注意下列重點：

1.計畫（包括各種目標和實現的辦法）工作完成後，就要進行

組織、協調和人員配備等工作。

2.計畫、組織、協調和人員配備工作結束後就可實行指導和控制。

3.控制的內容之一是對各種糾正措施的有效程度作出評估，這些糾正措施是為了縮小實際操作程序與標準操作程序之間的偏差而採取的。經過評估，可能會要求對組織、協調和人員配備的步驟作出某些改變。

4.最後，要對整個管理過程進行評估、檢查目標和計畫是否實現。評估的結果可能會要求對計畫進行修訂。

一、計畫

　　制訂計畫是管理過程不可缺少的組成部分。計畫工作的第一步是確定企業的總目標。有了這些目標，管理者就可以把注意力集中到企業希望完成的任務上。接著就要制訂明確具體的經營目標。這些目標也就是各個部門的職責。例如，總經理可以與部門經理一起制訂一項經營預算，明確規定預算內的經濟指標。櫃檯和餐飲部等有營業收入的部門必須制訂部門預算，以便能對飯店總體經濟指標作出有計畫的貢獻。一般作業程序制定以後，還要執行另一項工作，即對重複的工作，如打掃客房、為客人送上食品飲料等，制訂標準作業程序。這項工作通常是由部門經理與督導一起進行的。

　　對於每天的工作還要細訂。例如，制訂人員排班表和設備使用計畫等。另外，對某些特別的活動、新的培訓及其他一般活動都要制訂計畫。制訂計畫應掌握下列重點：

1.制訂計畫是一項必要的工作，應該成為管理人員工作的重要內容，而不是等到有時間才去做。

2.必須先確立目標，然後再去制訂實現這些目標的具體計畫。

3.制訂長期的戰略性計畫和制訂短期的日常計畫，對企業的成功都很重要，但兩者相比，前者可能更重要。

4.制訂計畫時首先必須掌握有關的全部資料，以利參考。主管應掌握其職責範圍內原有資料。

5.允許督導參與制訂與其工作有關的計畫，也應允許員工對與自身工作有關的計畫發表意見。

6.制訂計畫應從企業的最高管理層做起，但是企業上下都有制訂管理計畫的義務。

7.訂了計畫就必須執行。這個道理很明確，但不少管理者在制訂計畫上花費太多時間；一旦時機成熟就應把最合適的計畫付諸實施。

8.管理者制訂計畫是需要時間的。這意味著擬定計畫必須調配資源。由於訂計畫占用了時間，管理者還要抽時間去執行未完成的工作。

9.企業內不同的層次應制訂不同的計畫。如果由最高管理部門來制訂營業部門員工排班表，就是不合理地利用資源。另一方面，僅有最高管理部門才可能為企業的鞏固和發展制訂長期的戰略性計畫。

二、組織

組織工作是一項管理工作，其目的是使各級能順利行使職權，以及確保上下級之間的溝通渠道暢通無阻。並且明確規定企業內各崗位之間的相互關係。進行組織時要注意下列幾點：

1.企業從上到下都須有職有權；企業內某個人在某個崗位必須

有權作出決策。同樣地，他必須對作出的決策和採取的行動負責。

2.每個員工只能有一位上司。

3.性質相似的工作應該歸類成一個部門。例如，有關客房的各項工作可以納入前檯和客房部；食品、飲料、宴會等可以歸入餐飲部。

4.部門內類似的工作可以歸成一個崗位；崗位是指一個人單獨承擔的若干項工作，也稱為一份工作。

5.必須懂得哪些是第一線崗位，哪些是補助性崗位，以及此兩者之間的關係。第一線崗位是指處於指揮網路中的崗位，如總經理、駐店經理、督導等屬於第一線崗位。輔助性崗位則是對第一線的工作進行協助，如採購部、會計部、人事部等部門的人員就屬於輔助性崗位。

6.必須考慮企業內部門與部門之間的關係；一個部門有變動可能會牽動另一個部門。例如，客人離開結帳時間的改變，就會影響到客房服務員的配備。

7.企業的組織結構是隨著經營活動的變化而變化的。崗位和人員的變動往往會引起組織結構的變動，因此，組織圈及有關的文件資料必須保持同步。

三、協調

協調的任務是把員工個人的目標與群體的目標統一起來，以實現企業的目標。簡單地說，管理者必須對用於實現企業目標的資源之種類和數量加以協調。協調的原則有下列幾點：

1.管理者的管理效果與所管理的員工人數的多少有關。一般說

來，工作任務愈複雜，管理的人數應越少。

2.管理者必須擁有強制下屬執行任務、命令和決策的權力。這種權力應由最高管理部門授予，作為必要的權力。

3.責任不能下卸。例如，負責經營預算若干方面的前檯經理，若無法完成任務就不能責怪他的下屬。

4.一般而言，權力應該分授到企業的最基礎。上述已經提到，員工們對於有機會參與計畫自己的工作是感到高興的。因此，讓員工為做好自己的工作而出謀劃策是完全允許的。

5.企業內上下溝通的渠道必須暢通。最高管理部門與下級人員都要能相互溝通。

6.必須採取措施加強部門間的合作，以形成和諧一致的工作關係。

7.身為一名成功的管理人員，不但能與正式的員工群體交際，還能與非正式的員工群體交際。

四、人員配備

人員配備的任務包括應徵新員工和遴選最合適者填補空缺。在小企業中，這項工作可能由經理當成經常性的工作來做。在大企業中，人員配備工作往往是由人事部門承擔的。無論哪種情況，人員配備的基本原則都是相似的，如下所述：

1.各種工作崗位必須規定具體的工作任務（這些工作任務包含在工作崗位說明書內）。

2.考慮做好這些具體工作的個人素質要求（這些要求包含在崗位資格規定內）。

3.考慮求職者的所有可能來源。

4.應採用篩選法對求職者進行測試。例如，對有一定工作經驗的求職者可以透過遴選測試，評估工作表現和能力。亦可採用對求職者面試，或參考推薦資料等其他形式的篩選。

5.須利用求職登記表來蒐集有關求職者的資料。

6.必須制訂迎接新員工的計畫和培訓計畫，並付諸實行。

7.正式員工評估活動是人員配備工作的一項內容。

8.若採用一些獨特的人員配備技巧，則可幫助留住那些未能充分發揮才能的員工。

9.各級必須制訂和實施員工進修提升計畫。

10.決定員工的調動和職務的升降，也是人員配備工作的內容。

五、指導

實際意義上來說，指導的任務與督導的任務是相同的。指導包括督導對下屬，不管他是單獨工作或是一起工作，進行督察、激勵、培訓和紀律處罰。指導的工作，包含了下列原則：

1.企業的目標若能與員工的目標緊密結合，則較容易實現。

2.員工必須瞭解企業對他們的期望。

3.迎接新員工的計畫非常重要，必須認真制訂。

4.下達命令要針對任務的特點。

5.授權（授予下屬員工的權力）是一項獨特的指導技巧。

6.採用各種激勵技巧能產生積極的效果。激勵工作必須講究效果、有競爭性、多樣性和靈活性。

7.面對員工的過失，執行紀律時要做到——必須處罰的要堅決處罰，可以免除的則要免除。

8.下達的命令要合乎情理，並能被員工所理解，還要與所做的

　　工作保持一致。

9. 必須根據員工的要求採取不同的領導方式，要記住管理當局
　　的態度會影響員工的態度和他們以後的工作表現。

10. 要想得到下屬的配合，重要的是督導對待員工要公平，做到
　　以誠相待。

11. 應聽取員工的意見，若可行就應該採納。

12. 督導對工作表現好的員工應予以表揚。

六、控制

　　控制的任務是確保員工的工作不偏離實現企業目標此軌道。控
制的第一步是制訂工作表現標準。接著是檢查實際工作表現。然後
將兩者進行比較以決定是否有必要、是否迫切需要採取糾正措施。
最後是對這些糾正措施效果作出評估。要做好控制工作，必須遵循
下列原則：

1. 只有先確定工作表現標準才能實現控制，標準必須明確規定
　　應該達到的質量和數量要求。

2. 必須比照工作表現標準來檢查實際工作表現。

3. 對每個工作表現標準應確定容許發生的偏差幅度。

4. 只有當實際工作表現不符合工作表現標準，包括容許偏差
　　時，需要採取糾正措施。

5. 應對糾正措施的效果進行評估，以確定問題是否得到解決。

6. 應把經營預算當作控制的一種手段。

7. 首先解決對經營影響最大的耗資問題。

8. 預防性控制比事後控制更有效。

七、評估

　　評估工作最基本的涵義是檢查企業目標的實現情況如何。許多飯店業往往忽視這一步驟或者只是隨隨便便地做一下。前面已經提到，控制工作的一項內容是檢測員工的工作是否達到工作表現標準。而評估工作的內容則要多得多，它要對企業所有目標的實現情況進行檢查，還要進一步闡明以後整個階段的目標。評估的原則包括：

1. 評估工作應在企業管理中占據一個重要的位置，不能等到有時間才去做這項工作。
2. 透過評估，可以確定新的經過修訂的企業目標。
3. 評估工作要檢查：(1)企業目標實現的程度；(2)員工的工作表現；(3)培訓的效果。
4. 客人和外界人員的意見對評估工作是有益的。
5. 評估工作應及時且客觀地進行。

 ## 第三節　督導所需的管理技能

　　為確實履行督導之基本職責與功能，主管人員必須不斷地學習與磨練，提升本身才能。一般而言，督導管理者要發揮領導力必須有三種基本技能：專業技能、人際關係技能、概念技能，如**圖2-1**所示。必須掌握此三種技能，每種技能對督導的成效都有直接的影響。一名好的督導應該會運用其中一種技能，並達到令企業滿意的水準。

圖2-1　有效管理所需的技能

一、專業技能

　　所謂「專業技能」是指執行本身所負責的工作知識，以及運用有關的工具和設備的能力，督導下屬的工作和自身職責範圍內的工作等均屬之。尤其對含有方法、程序及技巧之專業，更為適宜，諸如操作技術、交涉協商及事務處理方法，基層主管常需面對的特定事項，例如：填寫上級要求的報表、處理工作事宜、安排員工值班、制訂預算等能力。專業技能最具體，也最容易學習。

　　一般說來，基層督導最需要具備足夠的技術性能力，因為他們的職責主要是執行機構政策及維持工作流程。最重要的，督導熟練的技術技巧，讓員工認為可靠，員工將更樂意接受和尊敬。雖然專業技能不是決定督導成敗的主要因素，但身為督導則必須掌握這些技能。雖然無法清潔一個房間或操作飯店的電話系統像員工般的熟練。但督導人員應該知道這些工作，包括工作的方法與知道如何操作。管理者對於員工的工作管理，必須要知道如何訂定標準和訓練員工，推行計畫和安排工作時間表。想對員工進行培訓並在他們的工作中給予指導，督導必須熟悉如何做這項工作，並且在工作進行

中分辨他們的作業方法是否正確。當然，不一定要求督導與員工做得一樣快或效率一樣高。

前檯經理或客房樓層督導是否應該像下屬一樣，懂得如何迅速登記客人和準備房間呢？對於這樣的職位而言，回答可能是肯定的。在不少飯店業中，這些管理者是從下屬的職位升遷上來的，他們也能夠做得和別人一樣出色。但也存在著另一種情形：督導們可能是透過公司舉辦的培訓班的學習而提拔上來的，也可能是從別的單位調過來的。督導應該熟悉下屬工作的基本內容，必須瞭解工作表現標準。

二、人際關係技能

人際關係技能是一個成為督導必須具備的第二項特別技能。此項能力是指主管人員於群體工作中，有效建立人際關係、協調及合作團隊精神之技能，學習此項技能必須瞭解自己之態度，亦需熟稔別人之看法與理念，這些能力包括工作指導、溝通協調、激勵及領導等。中層主管才能以此為重點。

所謂人際關係技能培養則應從對周遭的人物保持敏銳的觀察開始，然後評估別人對自己的一言一行的反應。是否能夠設身處地、善解人意、口才好、具有說服力、能和上下打成一片等。由於主管花大量的時間在交際方面，因此交際能力顯得特別重要。人際關係技能的範圍很廣，包括徵聘和挑選員工、對員工作介紹、培訓、督導、評估以及激勵等一系列工作的能力。督導就必須具備此人際關係技能。

掌握與人相處這門藝術，第一步是要懂得作為督導的職責為何。飯店業中，不少督導在獲取和運用人際關係技能方面遇到的困難，比在培養專業技能方面遇到的困難更多。既然飯店業是一個勞動密集型行業，需要大批人員去從事各種勞動，與員工交際能力如

何是決定督導工作成敗的關鍵。

三、概念技巧

在工作、組織營運上，能夠發現真正的問題並解決不是短期間的事，應考慮到將來的狀況，也就是要有遠見。理念能力，是指主管人員應能夠以企業整體之觀點處理問題，認清組織中各項功能之關聯及互動關係，並體認各種影響因素，觀察出企業與外界環境之依存度。因此重點在於經營理念、整合分析及決策能力，此為高階主管最重要的技能。所謂概念性能力，是指一般的邏輯思考分析能力，能夠解析複雜的關係，確認潛在的問題，掌握變動的趨勢。至於觀念性能力，則注意各部門之間的關係，以及外界環境的變動對於組織的影響，進而培養出有系統性的洞察力，提出富有創意的構想等。督導必須對整個複雜的管理系統建構出一個清楚的圖像，瞭解每一個組成部分與個人的工作有何關係和影響，尚須瞭解企業與所在地區的關係為何。另外，想要作出明智的決策，就得對各種問題作理性的分析，並能設想多種解決辦法。要做到這點，必須掌握大量的資訊，把各種事情的情況串聯起來考慮，吸取別人的經驗教訓。

督導人員因其職位高低，所應具備的管理能力也有所不同。基層督導最需要具備足夠的技術性能力，因為其職責主要為執行機構政策及維持工作流程。此外，交際能力亦重要，因為隨時都和部屬相處。愈接近高階其專業技術就占愈小，相反地，愈高階層其概念技能所占的比率愈高，然而各階層的人際關係能力是一樣的。

第四節 向上管理

多數的員工經常談論或抱怨，但從未試圖解決的難題就是——上級。很多人覺得想從上級取得想要的需求是所有工作中最難的一件事。

有些人只評論他們的上級是如何如何的無能及不可理喻，同時也抱怨自己是怎樣的受苦受難，此類型的人大部分是無法解決這難題的。另一方面，有些人可以從和上級工作的情形得知他是一個勝利者。

一、與上司融洽共事

成功的督導不僅投入時間及精力去管理和下屬的關係，也以同樣的精力去管理和上司的關係。但很多具才能而且進取心很強的督導都忽略了這一環，殊不知忽略的結果除了傷害到個人在公司中的立足及升遷，亦嚴重的影響了公司利益。公司可能因為主管間的誤解及無法配合，而導致管理及營運上的失調，進而影響到公司利益。

部屬的責任和上司一樣，都在創造、維持有效的工作關係。增進督導本身和上司間關係的最好方式，就是發掘能夠為上司做些什麼，而不是要求上司為自己做什麼。分開來說，督導本身就是自己的上司，因為作了選擇，所以能在此公司；因為尚未作選擇，所以可以到想去的地方。眾人皆有一種需求，那就是有貢獻、有目的工作。

二、瞭解上司

　　瞭解上司的目標和所受的壓力、優缺點、個人目標及組織目標為何？偏好的工作型態為何？喜歡透過備忘錄、正式會議，還是電話報告得到資料？喜歡擴大衝突、還是喜歡減少衝突？

(一)上司的目標及壓力

　　督導須主動去瞭解上司的目標、問題及壓力。利用各種機會去洞悉上司及其身邊的人，以瞭解自己所作的假設是否正確。會注意上司的行為中隱含的線索。雖然大多數人在剛接下一份工作時都會這麼做，但是成功的管理者人往往會持續進行這項工作，因為他們明白上司的目標是會改變的。

(二)上司的優缺點及工作類型

　　瞭解上司的工作型態很重要，尤其是新上司。屬下如果不能配合這種工作型態，彼此將會在工作上因為無效率而產生強烈的挫折感。下列的原則可以幫助您從上司處取得個人所需要的資訊。

　　1.首先必須體認到，上司工作表現也有高低潮的時間分別。
　　2.必須瞭解到無論上司多麼能幹或有才華，也無法全部知道下屬心中所想的。
　　3.把上司跟你在一起的時間控制運用得當。
　　4.切記把上司的能力高估一點，總比低估來得安全些。

三、瞭解自己

上司只占上述關係的一半，另一半則是自己，這一部分也比較能直接控制。要發展較有效的工作關係，就必須先瞭解自己的需要、優缺點及工作型態。

(一)自己的工作型態

並不需要改變自己或上司的基本人格結構，但是可以在瞭解自己的工作型態後採取行動，以便發展出有效的工作關係。要做到這樣的自我瞭解，並採取適當的行動，雖然很困難，但並非不可能。除了自己用心之餘，有時也找出一些上司可以協助改善之處。

(二)對權威角色的依賴

雖然上司及部屬之間的關係，是一種相互依賴的關係，但是這也是下屬比較依賴上司的一種典型關係。這依賴不可避免地一定會造成部屬在心理上有挫折感，有時甚至會憤怒，尤其是下屬的行動及選擇受到上司的限制時；此為正常反應，即使是關係良好的上司及部屬亦會發生。

四、與上司相處良好

如何與上司相處良好，茲提出下列方法：

1.讓上司感覺你的忠誠。
2.榮耀歸給上司。

3.增加上司對你的依賴。

　(1)充實自己的專業技能。

　(2)提高自己在組織體的邊際報酬率。

　(3)增加自己對這組織體的威嚇力。

　(4)增加自己的魅力。

4.瞭解上司的督導模式並配合之。

5.發展跟上司之間的友好關係。

考慮下列這些問題來洞察，來改善如何與上司有效的一起工作：

1.如何與上司接近？

2.上司是喜歡個別的處理每一件難題，還是集中起來一起處理難題？

3.對於什麼話題，上司會很敏感？有沒有特別喜歡的字眼？或特別不喜歡的？

4.上司對於工作的參與有多深的程度？

5.上司是「聽者」抑或「讀者」？上司是喜歡先看一些書面資料然後再談論呢？還是他喜歡先討論？

6.上司喜歡提供解決難題的方案，還是喜歡被請教解決方案？

7.跟上司意見不合時，如何與他一起共事？如何讓上司知道自己的感受。

8.在私底下，是否可以直呼他的名字？有別人在的場合，是否可以直呼他的名字。

9.上司是開著門工作呢？還是關著門？

【練習一】

將學員分成3～5人為一小組，用親自拜訪或電話訪問方式詢問一家國際觀光飯店或大型餐廳的經理下列問題：

1. 請他描述其典型的一個工作天？
2. 他最喜歡其工作的哪一個部分？
3. 他最不喜歡其工作的哪一個部分？
4. 請他指導從事餐旅業的人應具備的特質？
5. 他預期餐旅業在未來五年內會有什麼樣的變化？

【練習二】

你如何處理下列問題：

1. 上司經常不經過你而直接指揮你的屬下。
2. 上司總是忽視你的存在而侵犯到你的責權或責任。
3. 上司從來沒依照他安排的每一項計畫進行，而且從不再問及。
4. 上司沒有給你足夠的訊息，只告訴你要做什麼，而自己必須去搜查細節。
5. 上司沒有給你整體的瞭解，他只告訴你要做什麼而不告訴你為什麼。
6. 很難得有機會與上司接近。
7. 上司從來不稱讚你，他跟你談話時，都是你犯錯的時候。
8. 上司從來沒有給你工作表現上的回饋。

第三章

督導的領導學

- 領導方式
- 選擇有效的領導方式
- 權變式領導
- 權力與領導方式
- 領導者的特質

「領導」是指透過與眾人共同努力實現各個目標的能力。領導標準的高低對於每個督導人員而言是很重要的，要想取得管理成效，主管不能只依靠擁有的權力。權力當然是重要的，但其他因素對領導能力也有很大的影響。以往，主管可以只靠簡單地發號施令讓員工工作。隨著工作任務完成了，主管也就成功了，就是一位「好」的領導者。然而今日，「主管」這個概念在員工的腦海已經發生了變化，工作場所、老套的辦法也就失去了效應。另外，工會的出現也使主管不能單方面強令員工去做事情。因此，「領導」、「督導」這些概念往往隱含著需要去影響和要求，而不是強令員工執行工作。昨日，主管是「獨斷獨行的監工」；今日，將成為工作的推動者。需要把各種資源彙整並給予引導。所謂「領導過程」，就是從確知的目標，到作出各種努力影響員工，以實現這些目標的過程。本章將介紹身為督導要認識的領導學。

 第一節　領導方式

領導是主管用以管理員工的各種要素或行為的組合。首先介紹幾種基本的領導方式的指導思維，瞭解以後就可以去制訂實現成功領導的策略。不少主管力求始終如一地對待員工，對任何員工都是「一視同仁」的。儘管這些主管只會採用兩面手法，即一方面用獨裁的方式去支配某些員工；另一方面用截然不同的民主型或參與型方式去管理其他員工，然而對不同的員工採取不同的領導方式是有利的。首先，主管必須對各種領導方式以及影響領導效果的各種因素有所瞭解。當然，主管必須懂得何時以及如何去應用這些知識，使自己成為一名更好的領導者。

一、領導行為模式

多數的管理學者都認同領導是一種程序，影響他人或群體以期訂定或達成目標。領導在古典及行為管理理論中被定義為用來刺激和激勵部屬達成指定工作的方法。有效的領導在於領導者、追隨者及環境情況三者的交互關係，領導者需具專業能力、合適的人格特質及能依據其判斷作出效率決策的人；追隨者是領導的對象人群，需瞭解追隨者的需求及其人格特性；環境情況如企業組織中的社會關係以及其所領導的部屬是為一個社群及社群中的規範。故領導者所選擇的領導行為，配合環境情況和部屬特性後，考慮部屬如何反應領導者的措施，予以適當整合和調適是相當重要的。領導行為模式（behavior patterns）通常分為下列四種領導風格：

(一)獨斷型領導方式——一切聽我的，我就是法律

獨斷型領導方式也稱集權型或獨裁型，是一種古老的領導方式。這種領導方式完全依恃企業組織的權威，以強制的命令來領導部屬。下達命令時不許員工作解釋或答辯，只要求服從。主管採用一種固定的獎懲條例來確保員工服從命令。也就是說，決策權集中於領導者一人手中，以權威推動工作，部屬完全處於被動地位。接受上司授予的權力，而領導者卻不願意分一點權力給下屬。員工完全依賴主管，等著命令發布。通常員工只知道自己的任務是在上司的監督下做事，或者幾乎沒有什麼權力來決定自己如何去做。獨斷型主管一般只重任務不重人，強調員工只要把工作完成，至於員工的願望和要求，對於企業和主管而言則是次要的。這種領導方式有時可行，當獨斷型主管熟悉員工的工作，員工也接受這種領導方

式，如果能夠透過下達一系列整體的指示來進行管理時，領導者也可能獲得成功。然而，如果把這種領導方式用於其他員工，最輕微會引起言語上的衝突，嚴重的話，會造成士氣低落、停工或者對財產的蓄意破壞。其主要特質為：

1. 決策權完全由領導者掌握，部屬處於被動地位。
2. 對命令的內容及執行的步驟和方法，部屬於事前均一無所知。
3. 命令和政策的執行若有困難，部屬無辯解餘地。
4. 部屬執行命令若不能貫徹到底，領導者常不探究原因，就予以處罰。
5. 領導者甚少參與團體活動，與部屬距離甚遠。
6. 獎懲部屬隨著領導者好惡，沒有客觀固定的標準。這領導方式是落伍的，部屬的行動是消極、因循苟且的，絕對沒有良好效果。

依照領導者的作風，可分為嚴厲的權威獨裁方式和仁愛的權威獨裁方式。所謂嚴厲的權威獨裁方式，是領導者獨斷獨行，不讓員工有參與決策、提供意見的機會，一切由領導的主管人員決定，命令一下達，部屬都要無條件的接受、服從。

仁愛的權威獨裁方式，是在權威之下，平常也會運用誘導獎勵等較友善的方式對待部屬。領導者會允許員工在有規範之下，發表意見。但是受到領導者幕後操縱，參與的員工還是在領導者的影響下，達到領導者所要的目標。

今日是勞工意識高漲的時代，權威獨裁的領導方式，已不適合時代的潮流。不過，這種領導方式也並不是完全沒有優點。在某些情況下，領導者仍須用這種領導方式對付某些部屬。可以運用權威獨裁的領導方式的時機如下所列：

1.當領導者的權威面臨某位員工的挑戰時。

2.員工對其他領導風格置之不理時。

3.每日有很多的生產任務急著完成，而決策時間又極為有限時。

4.下屬為新員工，且完全不瞭解各種工作程序時。

5.唯有詳細的指令與指導方針，才能造就有效率的管理方法時。

6.領導者上任之前，整個機構的管理風氣極為惡劣時。

(二)官僚型領導方式──任何事都依照規矩

採用官僚型領導方式者，作決策時依賴的是企業的政策、規章制度和操作規程。這類的督導任何步驟都要按部就班地將資料傳達給員工。主管實際上變成了「警察」。官僚式的領導者只有在突發狀況下才會依賴上司訂定的「規矩以外的規矩」。其特質為──做任何事都可循序漸進的完成工作，較不會產生誤差，風險較小。而採用官僚型領導方式的主管，實際上不能算是領導者。一般而言，這種方式在其他方式不合適或者員工沒有任何決策權時才可採用，通常只適合於下列情形：

1.員工從事例行的職務工作或重複的作業程序時。

2.當希望員工的工作到達一定程度的標準時。

3.辦公室及其他辦事人員正在接受培訓時。

4.技術人員採用新的設備和新的操作程序時。

5.當員工操作具有高度危險性和精密的儀器時，每一個步驟都必須照著規矩來執行時。

(三)放任型領導方式——讓員工自己去發揮，領導者不予干涉

放任型又稱自由分配型，領導方式被看作一種撒手型方式。主管實際上是希望領導得越少越好。事實上放任型主管把全部權限都授予員工。讓員工自己去制訂目標，作出決策和解決問題，並讓他們享有無限制的自由，因此可以說員工基本上沒有什麼人在領導。雖然這種領導方式在飯店業中很少有成效，但如果員工中有一個專家或技術能手時，或者當主管缺乏決策的經驗和判斷能力時，也可能產生一定作用。而在這種風格之下，領導者要和員工一起開會，讓員工訂立目標及決策，並自主地解決問題。使用「無爲而治」的放任型領導風格之時機如下所述：

1. 當部屬中具有經驗豐富、技術卓越的員工時。
2. 當領導者具有的員工是經驗豐富又值得信任時，可以放手讓他們去做。
3. 當員工深以工作爲榮，且希望用自己的方法執行時。

(四)民主型領導方式——少數服從多數

民主型亦稱參與型，領導方式與權威獨裁領導方式相反，民主型主管希望與大家共同擔負起決策的責任。領導者作與員工有關的決策，和解決與員工有關的問題時，希望與群體成員商量並要求員工參與；領導者本身能聽取員工個人的意見，非常重視員工們的建議；他把與員工有關的所有事情告訴員工。民主型主管希望滿足員工高一層次的需求。主管強調的是員工在企業中的作用，而設法去影響員工的地位需求，爲員工提供機會，在工作中實現這種需求。民主型主管制訂計畫幫助員工評估自己的工作表現，允許員工參與

訂立目標，並鼓勵在工作中得到發展和提升，對自己本身的成績給予認可和獎勵。讓員工有最後的決定權，不過其他工作人員也可以發表意見。民主的領導人知道，唯有讓員工參與決策過程，才是有效率的方法。此種領導風格的特色如下：

1. 領導人與部屬間，以討論及交談等方式協調，分享決策權力。
2. 重視部屬人格，關心其生活及需要。
3. 授權給部屬，加強其責任心，領導人只要站在協助地位。
4. 在決策及執行過程中，坦誠公開，共同面對問題。
5. 對部屬的獎懲是依據客觀及標準訂定。此種領導風格較富人性，並可鼓勵部屬自動自發的積極工作，發揮工作潛力。
6. 大家共同執行，有難同擔，有福共享。
7. 符合現代人期望平等、自主、自尊的心理。

行為科學的研究已證實，參與可提高工作績效和團隊士氣，也能減少衝突。另一個好處是，減輕領導人的心理壓力，因為決策是大家共同參與的。對初任主管而言，大夥一起做，理不直氣也壯。漸漸地，靠大家氣壯了，經驗累積多，自然會摸索出某些道理。使用民主型領導風格的適當時機如下：

1. 希望讓員工有機會發展個人成長與對工作具有滿足感的意識。
2. 希望員工分擔決策與解決問題的職責。
3. 希望鼓勵團體合作與相互參與的精神。
4. 希望考慮員工的意見、想法與任何抱怨。
5. 對於與員工本身有關的問題必須加以改變和解決。
6. 具有一群優秀而資深的員工。

7.希望讓員工隨時瞭解與他們本身利益相關的任何消息。

8.存在共同問題的員工群體。

專欄 3-1

某家觀光飯店的業務部門，原設有兩位人員負責業務推廣工作，陳文萱具五年專業經驗，王曉琪具三年專業經驗，工作認真負責。由於公司受到同業競爭的壓力，將業務擴大，同時增加編制人數六人。部門經理出缺，公司向同業挖角聘請一位有八年專業經驗的經理，擔任業務部的經理。

自從新上任經理報到的第一天，文萱和曉琪以公司老資格的姿態及傲慢的態度來對待新主管，經過兩個月，在態度上仍不怎麼合作，且與主管衝突了四次，部門績效漸生退步現象。

經理來到公司已過了一年，該部門在經理大力運作之下，士氣漸漸提升而且業績也逐漸進步。王曉琪經過經理的協助及會談改善績效後，被付予更大的責任。因此，心中芥蒂漸漸消失，工作表現越來越好，不但能和主管合作而且可以和別人共事並分擔部分複雜的工作。

年度結束，經理給王曉琪的評語：「思維清晰，工作改善很多，績效良好，可再付予更多重任。」

如果你是經理，在未來的一年裡，將以何種領導風格來領導王曉琪最為適當？

二、領導者的角色

領導者在組織環境中與組織員工交互關係中，須扮演四種基本角色：教官的角色、顧問的角色、裁判的角色及發言人的角色，茲分別引述如下：

(一)教官的角色

凡是管理者均必須扮演教官的領導角色，所以管理者應教導部屬有關職位的各項技能，也教導部屬應有之行為和組織價值。此外，管理者亦應負責為部屬提供正式的訓練，瞭解學習理論並應用訓練技術。

(二)顧問的角色

所謂顧問的角色是指管理者必須提出報告，預防和解決部屬的困擾。管理者在扮演此一角色的行為，為部屬實現了兩項期望：一為對部屬的瞭解和關切，另一為替部屬提供解決問題的協助。但顧問的真諦，並非表示部屬一切問題均應由管理者代為解決，而是只為部屬提出協助，使部屬能認識基本問題，並瞭解應如何尋找解決的可能途徑。

(三)裁判的角色

管理者扮演裁判的角色，包括考核部屬的績效及獎懲措施，執行作業的政策、程序，解決部屬的紛爭，以及替部屬主持公道等。因此，管理者必須掌握測度績效標準，善用溝通和訓練的技巧。而解決部屬的爭端仍須運用解決衝突的技巧。

(四)發言人的角色

管理者必須兼為部屬的發言人，將部屬的建議、意見和觀點向上層主管反映。制度修改、士氣鼓舞、工作環境改善等，均有賴管理者反映，扮好發言人的角色。

 ## 第二節　選擇有效的領導方式

一、領導方式與決策

領導方式不同，在決策過程中的參與程序也會不同。主管採用集權型領導方式時，員工幾乎不參與決策。反之，當主管實行放任型領導時，員工獲得即使不是全部也是很大的決策權。

一般觀念認為主管在與員工打交道時，不會原封不動地按一種領導方式行事，且希望主管能夠瞭解每一個員工，然後採用適合每個員工和具體工作環境的正確領導方式。但實際上這是不可能的。主管畢竟只是人，其態度、感情和個性的形成是建立在自身經歷的基礎上，用這些經歷去影響自己的工作。這就常常削弱了領導者在幾種根本不同的領導方式之間「選擇」的能力。

可見，對各種領導方式的瞭解是一回事，而能否不斷地分析情況、判斷哪種方式最好，將領導方式的原理運用到具體的員工和具體的環境中則是另一回事。要力求有意識地去理解這些領導方式，懂得何時採用何種方式，這種能力來自經驗。這就要求主管在與有著不同切身利益和期望的員工打交道時，作出長期的、有意識的努

力去實踐這些督導的基本原理。另外，一名出色的領導者也能洞悉相同的領導方式，在有工作期許與沒有工作期許的員工身上產生的效果是不一樣的。

二、影響因素

　　上述對四種領導方式──獨斷式、官僚式、放任式和民主式──進行了初步探討。何時應該採用哪種方式，以及何時應該避免使用。適時變換領導方式，也就是說，沒有哪一種方式是適用於所有場合的。何為恰如其分的領導方式？哪些因素會影響領導方式的選擇及領導方式的效益呢？以下三種因素會影響領導方式的選擇：

(一)主管的個人背景

　　個人背景、性格、知識、價值觀、道德觀和經驗都頗為重要。主管作決定時，會加入自己的判斷。不僅如此，連過去使用不同領導方式的成敗也將影響主管領導方式的選擇。主管的知識、價值觀和個人經驗將決定領導者對員工的感情和態度。例如，員工參與決策的限度應該有多大？主管應該做些什麼來幫助員工自我發展，並在本企業內得到晉升？主管對員工的信任程度為何？主管估計哪些員工能夠執行所分配的工作？對那些必須完成的工作任務，主管是否應該抓住不放？

　　部分主管樂意把工作分派給別人；其他主管則喜歡找幾個員工一起討論和解決問題；還有人寧願大小事情自己一人承擔。如何進行領導的意圖，對於決定採取何種領導方式，都有十分重要的影響。當面對事情決定時，應採取何種態度呢？領導者本身應該懂得在員工本身自行決策或員工參與決策時，對其結果是會失去部分控

制的。面臨對常規的挑戰和突破，有人欣然接受，有人則不然，這些人需要的是安穩可以控制的工作局面。

(二)員工的特徵

員工是具有不同性格和背景的個體，也受到各種因素影響。主管的領導方式應該隨共事的雇員不同而有所區別，這也是一項重要的考量。

要求擁有自主決策權的員工、個人目標與企業目標一致的員工，以及具有豐富知識和經驗的員工，在民主型領導方式下方能做得很好。有著不同經歷和期望的員工，則可能要求主管採用更集權的一些領導方式。

但是，每個員工都有著不同個性和經歷，也會受特定因素的影響。員工與主管的關係受信任程度的影響，這種關係又是決定主管領導成效的重要因素。如果主管被員工接受並得到歡迎和信任，那就能輕易地把各項工作管理好；反之，所分配的每項任務都可能成為主管與員工之間的搏鬥。

(三)情境因素

工作所在的旅館，其傳統價值觀念、經營哲學和關注的事情，將影響主管的領導方式。優秀的主管培養自己的領導風格時，會考慮到企業的特點。企業的風氣、工作群體本身、工作類型等問題也會影響領導方式的選擇。

1.企業的風氣：一家企業強調人際工作的始終，另一家企業則只強調期末盈餘，不讓員工參與必須遵循的企業通行準則。
2.工作群體本身：工作群體的大小、部門之間交流的內容以及

合作的程度等，都是影響情境的因素，而主管則必須在這不同的影響情境因素下實施領導。員工本人在群體內是否能有好工作也是一個因素，亦影響領導方式的成效。

3.工作類型：除前述之外，尚須考量工作的特質及需要解決的問題性質。員工能否提供有用的訊息、建議或專業技術；當員工能提供有價值的建議時，此種領導方式可能是適宜的；若員工不能這樣做，則採用此種領導方式則可能會帶來危機。

另外，情境本身及其他眾多因素對領導方式的選擇也會產生重大的影響。時至今日，研究人員仍無法揭示主管的各個特徵之間的相互關係；而另一方面借助這些特徵，可以區分為好的主管與差的主管。沒有一種領導方式自始至終是最理想的。應該要知道主管是根據他對情境的感性認識來作出反應的。舉例來說，假如主管感到上級部門態度是一致的或者猜想要做的工作包含了許多具體的事務，他將會根據這些感覺對情境作出反應。

企業的風氣實際上也是企業的「個性」，會影響著企業的各級工作人員。請記住，如果企業的風氣是鼓勵人們自由發表意見，主管就可能去鼓勵下屬暢所欲言、發揮創造性。相反地，如果企業的風氣是強調規章制度、要求員工遵守企業的方針政策和標準作業程序，這種行為準則也會傳到下級人員的頭腦中去。企業中，上司、主管、自己、同僚或下屬的個人特質，其行為和期望也會影響主管的領導方式。例如，主管總是希望能得到上司的褒獎而不是處罰。另外，下屬員工的技術、態度和期望對於主管打算如何與他們相處，以及自己如何在企業內行事也有很大的影響。同樣地，當主管希望與同僚建立友誼時，也要考慮其他的影響因素。

主管自己的經驗會有意識或無意識地影響本身的領導方式。

假如他採用集權型領導方式，在某個情境中取得成功，將可能會把這種領導模式轉而於其他情境。同樣地，當民主型領導方式獲得成功時，也很可能繼續套用這種方式。對各項工作要求的尺度也會影響主管的領導方式和行為。例如，倘若主管必須下達詳細的指示，如培訓新的客房服務員，他就會採用集權的方式；倘若餐飲部經理管理的是一名富有創新精神的廚師，他會發現民主型是最好的領導方式。餐飲業中的許多工作，尤其是低層的工作，組織得非常嚴密。各種程序制訂得十分仔細，而且必須自始至終嚴格遵循。對於這種情況，主管的領導方式可能更需要獨裁一些，至少在管理實際的具體工作時應該如此。然而，餐飲業中也有些工作組織並不十分嚴密，如雜務服務人員、廚師、銷售人員等。對這些人，若能採用民主一點的領導方式可能更合適些。選擇領導方式應盡可能適合主管、適合員工、適合工作情境。主管應該是有靈活性，即領導者應能選擇一種執行起來順暢、適合員工和工作情境的領導方式。

 ## 第三節　權變式領導

　　上述已經對各種領導方式以及可能影響其效果的諸多因素進行探討。現在我們要討論如何實際地督導。有兩位學者提出了一些關於權變式領導的概念，這些概念可以幫助我們進一步理解剛才討論的那些理論的實際涵義。他們的觀點是既要考慮員工執行任務時主管需要給予的督導程度，又要考慮在這種情形裡主管需要提供的集體或感情方面的支持程度。

　　對領導方式的研究要集中到一點上，即主管是重視任務還是重視員工。假如主管是以任務的圓滿完成為重心，則主管注重的應是任務的完成，而不是如何與員工相處以建立滿意的關係。假如主管

是以員工為中心的，那麼他就會把重點放在如何鼓勵員工建立同行關係及互相信任的關係，是這種領導方式的兩個重要方面。一些研究報告指出，勞工生產率最高的群體，其的領導者通常是以員工為中心而不是以生產為中心。同樣地，成功的主管往往與員工建立著互相支持的關係，他們想設法讓員工參與決策，並鼓勵他們追求和達到工作的高標準。這些研究結論看來是贊同民主型領導方式的，但是請記住，我們還應考慮工作情境中的各種因素，以及考慮員工之間和主管之間的個人差異。

綜合上述得知，一些主管力求把生產任務的完成作為他全部工作的中心，另一些則著重提供員工集體感情上的支持，還有一些則根據情況兩者兼顧。

主管一旦瞭解員工的成熟度，就能很快地針對具體工作之任務，正確地採取最合適的領導方式。簡單地說，對於每項任務，隨著員工成熟程度的提高，主管應該減少對任務的強調，而應更強調人際關係。隨著員工成熟程度的更進一步提高，主管不僅可以減少對任務的強調，同時也可以減少對人際關係的強調，員工會將授權的增加視為主管對他的能力和信任。

一、領導方式是否可以靈活

主管是否能夠改變領導方式以適應不同的情況？一些學者認為這是可以做到的，或者說是應該做到的，而有些人則不這樣認為。倘若主管是靈活的，就能夠教會主管根據不同的情況採用不同的領導方式，那麼在遇到多種情況時就可以處理得更好一些。如果主管的領導方式不能隨機應變，那麼他們能夠進行有效管理的範圍顯然會受到限制。某些關於領導方式的研究報告認為，人們在對情況作出反應和隨即調整領導方式這兩方面，的確應該有某種程度的靈活

性。例如，若某位餐飲業經理碰到的是一批還未達到工作表現標準並持不合作態度的員工，那麼至少應對自己的領導方式打個問號，而另一方面主管的上司也會對這種領導方式表示懷疑。因此，如果主管能夠學會如何分析情況，並隨之調整領導方式，那麼將能成為一名更好的主管。

二、領導方式與員工工作表現

很多管理人員認為選擇合適的領導方式非常重要，因為它將影響員工是否能發揮最大的工作潛力。如果能採用「最佳」領導方式，企業的目標就會得到更好的實現。然而，從最近的一些研究結果來看，並不能有力地說明領導方式與工作表現之間的相互關係。那麼領導方式的選擇會造成什麼差別呢？要回答這個問題，就應該考慮「員工士氣」這個因素。對於領導方式、士氣及隨後的工作表現這三者的關係，可以總結如下：

1. 參與型領導方式希望員工能有高昂的士氣。
2. 高昂的士氣可以降低人員流動率，減少無故缺勤和各種事故。
3. 士氣與勞動生產率之間沒有必然可作為依據的聯繫。換句話說，員工對工作稱心滿意並不能直接轉化成好的工作表現。
4. 領導方式與工作表現之間不一定有必然的聯繫。因此，無論是集權型領導方式還是民主型領導方式，都不能說是優於其他領導方式。

這個總結從本質上說明了決定員工士氣高低的條件和因素是不一樣的。但是，降低人員流動率、減少缺勤和事故的結果，肯定能

悄悄地控制員工的工作表現。

 ## 第四節　權力與領導方式

　　權力也可解釋為做事或行動的控制力。如果主管擁有很大的各種權力，如獎勵和處罰的權力以及很高的技能，那他就更容易使員工服從。相反地，如果主管被授予的權力不大，不知道什麼工作需要做，也得不到員工的尊敬，那他就是一軟弱的領導者。因此，權力可以影響主管採用哪種領導方式。在上述培訓新的客房服務員的例子中，主管可能會採用集權型領導方式，而對於富有創新精神的廚師，主管可能會選擇放任型領導方式。管理人能使部屬甘心或被迫接受指揮，可能擁有以下幾種督導的權力基礎：

一、強制權力

　　這是根據職位擁有的控制別人的能力。各級主管被任用均經由組織法定程序公告派任，管理人員的權力就是來自組織的授權，行使強制之權力。

二、獎賞權力

　　這是一種利用是否授獎來控制別人的能力。主管對部屬在工作表現後，評估的結果是好的，則給予獎勵建議，或依權責給予有效的獎勵，促使部屬有努力工作獲得獎賞的動機，增強個人績效表現。

三、處罰權力

工作成效不力影響產出時，給予有效的處罰，例如解僱、降級、調職、記過等處置，或強制改善行為之權力，從而控制別人的能力。

四、認同權力

主管有高尚的人格或超人的魅力而受人尊崇，從而控制別人的能力。這是由於具備的魅力、地位、氣質、能力令部屬折服，以主管為學習榜樣，而模仿學習，從而受到主管的影響及控制。

五、專家權力

這是由於具備別人沒有的專門知識和技能等，從而控制別人的能力。主管的專長、經驗及知識均有過人之處，部屬因而心服主管之發號施令，而能服從主管之領導。

凡具備上述五種權力的主管，即對下屬發生影響力，愈是充分具備時，則影響力愈大。如只是具備五種權力中數種或具備之程度又低時，則對下屬之影響力必會減少或降低。主管的強制權、獎賞權及處罰權，主要端視主管個人在組織的地位而定，層級愈高則產生的影響力就愈大，反之則愈小；認同權及專家權之基礎，是在於個人或受個別管理人的控制，而組織則控制了強制權、獎賞權及處罰權。

主管有責任去影響員工使他們做好工作。在這個過程中，他可以運用任何一種或同時運用好幾種權力。他運用的權力種類將決定

他採用何種領導方式。

第五節　領導者的特質

一、成功領導者之特質

　　無論領導的型態爲何，通常在一組織中都會出現正式的或非正式的領導者。正式的領導者具有組織所賦予的正式職權、地位，其中主要任務包括發布命令、參與決策、主持會議、評估員工的績效等。而非正式的領導者在組織內沒有正式的職權與地位，但是由於領導者的知識或者技術高超、工作經驗豐富，或其性格具有吸引力，或善解人意，而成爲同事們尊敬佩服的對象。因此，正式的領導者想在組織中發揮其領導效能，必須取得非正式領導者的合作，其領導效能才能有效的發揮，而不至於受到阻力。

　　好主管、部屬必須具備哪些特質？專家認爲，有遠見、洞察力、創新力是主管必備條件，有責任感、時時學習、誠實則是身爲部屬不可少的。作爲一位好的主管，第一要務是有遠見，俗話說「站在巨人的肩膀，才可以看得更高更遠」，凡是成功的人早在十多年前就已看到成功的契機。成功不是在此時，不是在一時之間。其次，好主管要有洞察力，所謂「昨天的產品不能滿足今天的消費者」，主管須具有洞燭機先的能力，早一步認知世界變化。第三則是要有應變力和彈性，須遠離束縛區，無法隨時改變自我，就會成爲商場上的明日黃花。第四則是要出奇制勝，要贏別人不能只是空談，必須有戰略和戰術，不斷創新，找出或殺出一條血路，讓競爭者無法超越才能致勝。一位成功主管除了基本的規劃、組織、用

人、領導，還須有前瞻力、開創力、敏感力、行動力。而成功的部屬則須有自制能力，在組織再造扁平化之際，任何公司都無法養閒人；其次，要有穩定性，不任意跳槽；有誠實的心，這種特質的部屬是公司願意栽培重用的；企圖力、責任感、向心力也是成功部屬應具備的條件。「成功主管應會捉住人心，以智慧和人格形象領導部屬」。以往主管是以職位領導部屬，未來須以知識、同理心對待員工並充分授權才能帶人帶心。並且作為一名成功部屬必須時時展現本事、懂得挖寶、多學習新知，將自己準備好，只要一有機會就可以跳上舞台，擁有自己的一片天。

二、領導者之成功法則

(一)尊重人格之原則

人爭一口氣，這一口氣就是人格的滿足，在組織裡人格受到重視的情況下工作，效率一定會提升。主管與下屬固然職位有高低，但在人格上是完全的平等，所以尊重他人的人格，才會產生「知遇」的感覺，會促成未來的表現。

(二)激勵的原則

對於領導的激勵有兩個方法，一是正激勵，例如獎賞、升遷、報酬、受重視等；另一是負激勵，例如制裁、恐嚇等。前者利用人之「趨利」心理及「自尊」感，使人努力向上，而後者則利用「避害」畏懼心理使人不敢為非作歹，但這只不過使員工保持起碼標準，不會有太大潛能發揮。

(三)利害與共的原則

利是指利益，包括物質及精神上雙重的利益，例如福利、地位、待遇、安全及成就等，公司不僅是謀生之處，而且是同甘共苦的地方，安定心理的利益團體。因此公司想要使每個人員能發揮較高的工作效率，必須使員工利益得到適度滿足。員工利益與公司利益應有一正的觀念，合則二益，若員工利益高於公司利益，人人為自己之利益打算，將使公司不勝負荷最後走向倒閉，員工亦失業則得不償失。所以員工應抱著「不問公司給您多少，而要問您為公司貢獻多少」，只有在雙方利益均得到平衡狀態下，公司與員工才能發展。

(四)培育部屬的原則

領導者是領導一群人，藉著影響力擴大效果，如何讓部屬的能力發揮至極大，平常培育部屬是非常重要的，訓練可以讓部屬提升自我效能及未來績效表現的能力，同時增加完成任務之信心。

(五)目標管理的原則

管理是經由他人完成事情，好的領導者不只要明白自己的部門目標，而且能明確的指導部屬，同心協力往達成目標的方向努力。一個人沒有目標，如同矇眼持槍對空打鳥，將一事無成。

(六)意見溝通的原則

公司組織是人的結合，均有共同的理想及目的相互依存著，公司的員工能否團結一致，將影響公司的成敗，而能使公司的員工

團結一致，最好的方法就是意見溝通。藉著意見溝通，才會產生共識，使人彼此瞭解、認識、互助、合作。

(七)進德與修業的原則

領導者要能影響別人擴大效果達成目標，就要不斷進德，為部屬之楷模，以德服眾。同時也應不斷修業，增加自己的知識，擴大自己的思考領域，累積正確下決策的技能知識是非常必要的。

(八)建立團隊合作的原則

領導者讓擁有不同長處的部屬，使其發揮所長，達到專業分工、同心協力工作，為達成目標努力。領導者要藉著組織設計發揮團隊合作的效果，首先本身要無私心以身作則，部屬才會上行下效。團隊之建立，如同象棋遊戲，將、士、象、車、馬、炮、兵各司不同職能，能贏一盤棋，就要透過團隊合作。

(九)幸運

一個人成功無疑來自於本身的努力，但是「幸運」會加速實現個人的成功。有人講幸運是指當機會來臨時你已具備了技能，因此，幸運可以說是「努力」加「機會」，當你掌握了「努力」和「機會」，那麼成功的機率將大大增加了。

【練習一】案例分析：主管的抉擇

某家觀光飯店的業務部門，原設有兩位人員負責業務推廣工作，陳文萱具五年專業經驗，王曉琪具三年專業經驗，工作認真負責。由於公司受到同業競爭的壓力，該公司將業務擴大，同時增加編制人數六人。部門經理出缺，公司向同業挖角聘請一位有八年專業經驗的經理，擔任業務部的經理。

自從新上任經理報到的第一天，文萱和曉琪以公司老資格的姿態及傲慢的態度來對待新主管，經過兩個月，在態度上仍不怎麼合作，且與主管衝突了四次，部門績效漸生退步之現象。

有一天，文萱有些私事未到公司上班且未辦理請假手續，直到第四天才恢復上班，並將請假單放在經理的桌上。該公司規定凡未請假連續曠工三天以上（含三天）者，一律免職。

如果你是經理，你會如何處置？

1.口頭警告下不為例。

2.報告上級主管有關文萱曠職三天。

3.依公司章程規定，給予免職。

4.建議記過、調職。

【練習二】自我評估

下列各項中您的效率如何：

效率程度	低 高
1.讚揚良好的工作表現	1 2 3 4 5
2.掌握各部屬所需要的，贊同多數	1 2 3 4 5
3.設定高的工作標準	1 2 3 4 5
4.掌握每一個部屬的工作標準	1 2 3 4 5
5.維護標準，使其不墜	1 2 3 4 5
6.確定每一部屬都知道自身所需達到的工作標準	1 2 3 4 5
7.當員工表現不理想時，能找出根由	1 2 3 4 5
8.確定每一個部屬有歸屬感	1 2 3 4 5
9.認同每一個部屬的個人存在	1 2 3 4 5
10.給予部屬解釋的機會	1 2 3 4 5
11.用開放的心傾聽員工，表達你對部屬的關注	1 2 3 4 5
12.以待人之道來對待員工	1 2 3 4 5
13.處理部屬問題時，不參雜個人偏見及先入為主之觀念	1 2 3 4 5

上述特性中，哪些是您仍有待加強？選出評分低於2分的項目，並擬定相關的加強計畫。

第四章

員工的甄選及面試

- 甄選的原則
- 員工的來源
- 面試
- 履歷表及應徵表格的審查

　　企業內的員工，常因退休、離職、調遷等人事上的變更，以及經營環境變化和業務擴充需要等各種原因，必須隨時聘用新人，藉以補充人力。這種業務上的需要，為求得職位上的適當人員，而經過審慎詳密的選擇以獲取人才，即是員工甄選。甄選的目的在於任用新人才，作到人與事相配合。在選用員工之前，最重要的是針對人力需求的預測與分析，這對促進新陳代謝，避免人力浪費有很大好處。人力資源可根據在職員工人數、季節性員工異動、將來業務發展計畫，以及旅館住房率等因素擬定。飯店業對員工的依賴程度之深，是其他行業比較少見的。若沒有出色的員工，任何飯店都無法譽冠群英。正如接待旅客的質量取決於員工，主管的成功與否也不例外。因此，挑選您的員工和為其安排班次，乃是身為主管所應該具備的關鍵技能。

第一節　甄選的原則

　　甄選是以公開考試或推薦方式，招攬優秀人才，為人事上甚受重視的一項業務。如果甄選的工作做得不好，制度不公正，將會引起企業在人事管理上很大的困擾。若是甄選錯人，對於企業會影響其工作進度、影響員工工作情緒、浪費寶貴工作時間、造成人事困擾增加成本、影響飯店服務品質及聲譽。相對地，如果做到認真、公平合理，對企業的好處有很多，可藉此提高員工的素質，能激勵員工工作的情緒，可降低人事流動率及曠缺，節省人事成本支出，更有助於建立企業良好的形象。由此可知，做好甄選工作的重要性。

　　甄選員工必須要做到為工作、職位募求有用的人才。進行甄選時，除了事前詳細的規劃之外，為事求才，針對職業上的需要，選拔適當的人才。不可因為人情壓力，而任意安插親友，使所選非所

用。澈底地做好工作的分析。預先設定用人的資格，適才適所是最好的人事安排，設定人員資格的標準不可好高騖遠、不求實際，也不可以過分遷就以致於降低水準。在真正的招募開始之前，審核該職位的工作內容，以協調整個過程。人力資源部門的人員無法一個人做這項工作。單位部門主管對出缺的職位部門的性格最為瞭解，提供這樣的資訊才能確保找到最適合的應徵者。

　　一位飯店業經理說：「在飯店業，人員配備方面人人有責。」這樣的說法並非言過其實，飯店愈來愈難找到合格的員工來填補空缺。如果人員配備的事情僅僅由人事部門執行，任何旅館也找不到最好的雇員。人員配備包括兩個基本步驟：招工和選人。其中的每一步皆包含無數的細節，許多細節與主管無關。下面是簡化後的招工和選人步驟概要：

一、招募員工

1.發現可能具備這些技能、個人素質和經驗／知識的潛在雇員類型。
2.找到這些類型的招募對象，向這些對象介紹公司的就業機會。
3.招募員工的第一步是確定該單位所需的技能、個人素質、經驗／知識。
　(1)技能：完成此工作需要何種能力？
　(2)個人素質：此單位的雇員應該具有什麼樣的舉止？
　(3)經驗／知識：完成此項工作需要何種經驗或知識？

二、選人

1.審查候選人的求職申請，核查候選人的推薦資料。

2.對候選人進行面試。

3.僱用最可能在該崗位上成功的候選人。

在某些旅館，人事部門是人員配備事務的主角。但在其他旅館，主管則更直接地介入這一程序。無論主管的角色是什麼，您都很可能要面試候選僱員。

選人共分三步：審查求職者的申請書、面試、僱用。

在審查申請時，需要檢查所提供資料，以確定申請人是否具備從事此項工作所需的技能、個人素質和經驗／知識。

在核查推薦信時，儘量直接向申請人的前主管聯繫。但是，法律不允許前主管透露機密檔案或情況。

 # 第二節　員工的來源

目前我國企業所採取之人員招募途徑，視招募對象之職位為基層員工、一般職員及管理人才而不同。除了從公司內部尋找人才外，以登報求才、員工介紹、私人推薦情況最多；但其他策略，例如校園徵才、建教合作、張貼海報、向各就業輔導機構聯絡，或向其他公司挖角等皆為採取之方式。為了達到吸引多人前來應徵，一般企業在衡量財務預算及相關因素後，往往多種方式交互配合應用，策略才易奏效。

一、內部求才

自己公司內的員工或許能成為自己部門中的寶貴成員。公司中目前在其他職位的人可能也符合需求——先從公司內部找起。從企

業內現有員工晉升或僱用，在某部門缺人時，可從企業內有經驗的
員工調用，或者就優秀的員工中加以晉升。

二、內部員工推薦

　　業者最常用的方式，亦是基層人力之主要來源之一。可在員工
布告欄張貼招募海報，讓員工把訊息帶回家以招攬鄰居、家人或親
友結伴來公司應徵。人力不足的時代，更會感到員工是企業的寶貴
資源，平時有良好和諧的勞資關係，許多員工都會願意介紹親朋好
友前來就職服務。許多基層人力如餐飲內場學徒，或外場服務員，
或客房清潔員及行李員等，皆透過此方式而來。而且由內部員工介
紹的新進人員，通常比一般招募的新進人員穩定性高。

三、登報求才

　　報紙上的人事廣告「登報求才」，可以說是觀光業者最普遍、簡
捷快速能把招募訊息傳出的方式。只要付廣告費在報紙上刊登求才
廣告，列出需要的人才類別、應具資格，就有應徵者寄出個人資料來
應徵。報紙廣告其效果不一定能獲得正面回應，這要視應徵對象、刊
登時間、所用媒體、版面大小及該段時期人力短缺或充沛而定。

四、建教合作

　　餐旅業者能與相關學校維持良好的關係，平常可採參觀企業、
校園說明、建教合作等方式為之，是人力資源不虞的利器之一。目
前觀光業者與學校建教合作之方式為利用寒暑假時間，或一週幾

天,或半年實習幾種形態。這是目前各大飯店基層人力來源之一,因業者與學校簽有合約,學生不能隨便離職,故在實習期間之基層人力較穩定。

五、校園攬才

國際觀光業者,以有觀光或餐飲科系為主之高職及大專院校為校園宣導對象,學校對於就業輔導相當重視,各級學校都有專責單位輔導學生就業,餐旅業者可與之聯繫。進入學校募集、甄選所需員工,尤其在每年畢業前之四、五、六月,此三個月更是校園招募最忙碌的時刻。

六、公營之職訓機構

透過屬於政府機構的就業輔導單位,行政院青輔會、北市職訓局、救總職訓所之短期餐旅訓練班,爭取結業學員到旅館服務,可以說是人力市場供需間免費的橋樑。

七、海報

利用張貼海報,向社會大眾公開徵求,使具備資格者參與甄選。可把徵求人才的海報張貼在適當之處,例如將需要的人才職類、資格、內容等印在海報上,貼在公所布告欄、學校公布欄、員工搭乘的交通車或公共汽車之活動廣告,在人力甄選策略應用方面,其效果甚佳。

八、建立人力檔案

將應徵時不缺人的資料存檔，有些人員前來應徵時公司正好不缺人，但並非不缺人就不重視，應好好接待應徵者使其留下良好印象，並請其填好人事資料，當面說明補充人力時以書面或電話連絡。

第三節　面試

一、面試的定義

面試是指面試者與應徵者交互談話的過程。面試所及的層面很廣，舉凡應徵者的學經歷、家庭狀況、過去之工作經驗、個性、抱負、興趣、嗜好、能力、性格、穩定性等，皆是面試者所要探尋的目標。

二、面試的目的

面試的目的在蒐集、瞭解應徵者之各項資料，以衡量應徵者之工作能力及素質，確定其是否最適合某項職位。評估應徵者之工作意願、態度和對組織之適應力。使應徵者瞭解本公司及所應徵職位之情形，而據以決定取捨。即使應徵者未被錄取，或不願接受此工作，也可使其對公司產生良好的印象，建立良好的公共關係。

就公司而言，希望找到能勝任該項職位工作，完成公司任務及使命的人，亦即適才適所（用才）；具有發展潛力，有意願配合公

司成長的人，亦即可造之才（育才）；願意長期爲公司服務，能幫助公司永續經營的人，亦即薪火相傳（留才）。

面試的目的也是一種雙向溝通的機會，讓公司充分瞭解應徵者的專業知識，如學歷、經歷、訓練記錄；工作能力、態度，及待人處事方法；個人期望，如工作條件、工作性質及工作環境；個性及對組織之適應力。

讓應徵者充分瞭解公司的歷史背景、組織、產品、經營理念、公司目前經營現況及未來發展方向；公司制度、人事政策、員工薪資福利及教育訓練機會；該應徵職位的工作性質、工作環境、主管的領導方式及同事間的人際關係等。

三、面試的步驟

(一)面試的安排

◆面試人員的選擇及事先訓練或講習

面試人員之選擇以其本身之專業知識、經驗及職務等資料來作考量，如針對特殊職位之招募或大量招募時，最好面試人員能事先予以訓練；經驗豐富的面試人將面試程序分爲三個階段：(1)計畫；(2)主持；(3)後續。

◆面試地點的選擇

面試是一件嚴肅的事情，每次面試只見一位應徵者，所以要選擇一個安靜的地點舉行，可選擇一個可以避開員工和客人的幽靜地點，或找一個舒適又正規的房間或辦公室。面試的時候，不要接聽電話，也不要會見客人，因爲應徵者在面試時，自然免不了緊張，

安靜的面試環境可以緩和應徵者的緊張情緒。

　　良好面試的首要條件是提供一個安靜而免於分心與被打擾的地方，使應徵者感到舒適，這可藉由應徵者的非言語表達一眼看出，他們的表情將不再憂慮，身體姿勢也不再顯得僵硬。如果能讓應徵者感到舒服沒有威脅，接下來便可輕鬆自在地談話，此時，面試者應仔細地傾聽，這是訓練傾聽技巧的最佳時機，切記自己是代表旅館、餐廳、俱樂部或醫院，應儘量讓應徵者留下好的印象，一個不小心的錯誤很可能在一開始時就毀了這個面試。

◆面試時間安排

　　應是雙方間配合，有時應徵者不願在上班時間請假，或無法按時參與公司安排的面試時間，公司站在求才若渴的立場上，不妨將就應徵者時間，一方面避免影響應徵者目前的工作，讓其感覺這家公司蠻有人情味的，一定會替員工著想，使應徵者產生好感。而另一方面則須注意，不要在工作繁忙的日子舉行面試、不要在快下班的時候舉行面試，要給面試者足夠的時間。

◆面試表格之設計

　　依不同職位的特性，個別設計，儘量包含前述面試內容，面試時避免偏離面試表格內容，並應詳細記載，以免事後遺忘。

◆面試後錄取與否之考量

　　面試結果，由參與的面試者共同審核，並列出「該職位應備的條件」與「應徵者所表現或具有的條件」作一比較，將所有參與此次應徵者條件及他們的期望作一比較，「不是選最理想的人，而是選最合適這職位的人」。不是公司單方面的考量，應該是雙方成為最佳搭配，並給公司最高決策主管有足夠的應徵者資料及分析比較表，才能有明確的輪廓作最後之裁決。

◆面試檢查表

1. Who誰（對象）：在你坐下與人面試前，先反問自己：面試
   對象是誰？掌握應徵者背景資料是極重要的一件事。提醒自
   己，儘量讓應徵者講話，排除自身的偏見。

2. What內容（問題）：哪些是應該要針對面試而準備的資料？
   只要準備得愈充分，面試就會進行得愈順利。事先澈底瞭解
   工作說明書；仔細看清楚職務申請書；準備好要問應徵者的
   問題，寫在紙上，同時歸納出要知道的重點；準備好評估
   表。

3. Where何處（地點）：哪裡是舉行面試的最佳地點？面試地
   點對面試效果有直接的影響。事先把面試的場所整理乾淨整
   齊，並防止任何可能的打擾。

4. When何時（時間）：什麼時候要舉行面試？面試時間會決定
   整個面試是充滿壓力或是令人感到輕鬆的場面。主管應事先
   空出足夠的時間，來進行面試工作。

(二)面試的注意事項

　　一般而言，面試是用談話的方式進行。剛開始談話，不要太嚴
肅，最好先詢問一些簡單的問題，如應徵者的住址等，讓應徵者容
易作答，增加回答問題的信心。而蒐集該工作所需條件資料，瞭解
應徵者背景，特別是應徵者對於此工作性質的合適性。

　　主持面試不能太主觀，特別要避免受第一印象的影響。由於外
貌、髮型和服飾不能表示一個人的才能，所以不能作爲甄試的標準。

　　妥善安排特殊的應徵者，因爲有些敏感職位或敏感的人物（例
如向同業挖角高級管理主管）不希望事情未成熟太早曝光。並且注

意面試的目的與對象，但不宜在地點上誤導應徵者對公司的印象（例如公司的辦公室很零亂、吵雜，因此選在大飯店貴賓室面試）。

　　面試地點的安排，可以讓應徵者較瞭解實況，但應注意周圍環境之安靜及不受公事干擾而打斷面試，有時也可安排在工作現場，讓應徵者身歷其境。

　　在面試技巧方面，應歸納問題、循序漸進，問題宜簡短明瞭，而回答能使應徵者引發討論而能更深入瞭解應徵者為主；避免涉及敏感性與個人性問題，例如：種族或膚色、出生地、國籍、婚姻狀況、宗教信仰、刑事紀錄、身高、年齡、體重、性別、是否參加社會、宗教或少數民族社團等。

(三)主持面試

◆開場──進行面試

　　在面試時會有些緊張和不自在，為了讓面試更順利，建立友好氣氛，應在一開始介紹自己時，面帶笑容友善地問候應試者，友善的和其握手，稱呼其名字。請應徵者坐下，花幾分鐘讓彼此熟悉，解釋面試目的，根據應徵者背景中的某些事項，開始用不會引起爭議的評論或問題討論，告訴應徵者於開始訪談後，將會作些紀錄。

◆開放式與封閉式問題

　　面試不同於其他形式的人際溝通，主要是以發問和回答問題的方式來進行。這些問題可用開放式或封閉式、中立式或引導式、首要或後續問題來予以呈現。開放式問題（open questions）是廣泛地向應徵者提問題，而應徵者能回答任何他想回答的內容。有些開放式問題範圍例如「能否談談你自己？」；有時則會給一些方向，例如，「請問你認為自己適合這工作的理由是什麼？」。面試者運用

開放式問題，引發應徵者說話，以便有機會觀察並傾聽，藉此瞭解應徵者的想法、目標與價值觀。要特別注意的是，回答開放式問題常常會花較多的時間，若面試者未加留意的話，很容易偏離原來的主題。

封閉式問題（closed questions）是侷限在特定範圍內的問題，而且只需要簡短的回答，就像是非、選擇或是簡答題一樣。有些封閉式問題，只要回答「是」或「不是」，例如「請問你修過管理心理學嗎？」；有些封閉式問題則需簡短的回答，例如「你曾在幾家公司工作過？」；運用封閉式問題時，面試者較容易控制面試的時間及流程，能在短時間內獲得訊息，但是封閉式問題很難讓面試者獲得應徵者的自發性訊息。應使用哪一種問題類型必須依面試目的而定，這個面試主要想獲得哪些資料，以及有多少時間進行面試。在大部分的面試中，都會交互使用到這兩種類型的問題。

◆面試主體

1.挖掘消息：注意傾聽應徵者回答的方式、答案的內容，以及應徵者回答時所使用的字眼、應徵者表達思想的方式。應徵者對公司和工作通常會有問題提出，應給他們詢問問題的機會。面試者不僅應該回答他們的提問，還應傾聽他們問的是哪一類型的問題。有關工作內容、使用自己創意的機會、團隊如何運作、提供哪些訓練和發展等問題可顯露出應徵者正面的特質。但如果主要只關心放假、薪水調整或個人福利的話，這樣的應徵者可能就不是公司希望的工作導向的人。

2.注意觀察：應徵者的姿態、眼神、獨特習性，注視著所面試的對象，此應徵者應有下列特性：整齊、熱情、雙眼接觸、良好的姿勢、正面的態度、整潔。

3.蒐集資料：向面試者介紹所屬機構及工作性質，且說明介紹

　　企業的情況和該崗位的要求，問一些事先計畫的問題，聽對
方回答，面試時間應有80%的比例是用來聆聽對方之回答，
成為主動的傾聽者，不要畏懼沉默，應善於問問題。能鼓勵
應徵者講話，複述並歸納出應徵者的話，給予應徵者發問的
機會。

4.面試中的好問題：

(1)給予一個有兩個選擇以上的問題，並問應徵者表示其選擇
的來由。

(2)給予必須基於應徵者的利益而選擇的問題。

(3)給予能夠找出應徵者的應徵動機的問題。

(4)給予能夠瞭解應徵者解決難題及應變能力的問題。

(5)如果應徵職務是領班或領導者時，問應徵者他對於促使員
工做好工作的感想是什麼。

(6)給予消息：詳細地解釋職務的種種，如職責、工作時間、
薪水、公司的福利制度、額外的好處、將來的升遷機會、
工作特性或不明顯的特質。

5.建議：

(1)在每一問題後，使用follow-up問題，例如：「你為什麼這
麼認為呢？」、「為什麼會覺得這樣呢？」、「還有沒有
別的做法？」。

(2)問題的答案並不重要，要注意它所象徵的性格傾向及態
度。

(3)對應徵者的回答不要表示意見，只問問題，保持禮貌。

(4)這種面試只要二十分鐘左右，但卻可省掉日後無限的煩惱
及浪費。

◆結束面試

1. 面試結束的注意事項：

    (1)詢問應徵者是否還有問題或議論。

    (2)告訴應徵者何時能作出決定，以及是否由您通知面試結果。

    (3)感謝應徵者花費時間參加面試和對該工作的興趣，握手告別。

2. 對不錄取者：為了避免應徵者的難堪，在結束時給予一些打氣的話，給予人生旅程一些建議。一般而言，當面拒絕應徵者是不智之舉，因為有些應徵者可能會引起麻煩。再次感謝對方前來晤談並與其握手。

3. 對錄取者：詢問對方有否其他疑問。提出僱用，如果應徵者決定接受此職務，帶他到人事室辦手續，絕不要讓錄取者不知該往何處去。如果需要時間考慮選擇時，提出解釋，並告訴應徵者何時可接到通知。

◆面試進行應注意之事項

1. 各階段之時間不可間隔太久，即自取得人事資料、面試階段、錄取之通知、報到之日期，各時段之間不可間隔太久。

2. 要讓應徵者有良好之印象，雖然未錄取，但是使應徵者保有對公司良好之形象，對公司亦是一次良好廣告的表現。

3. 面試時要據實告訴應徵者公司之狀況，但不便告知之處，亦可明言之。

4. 面試時態度和善，儘量從多方面瞭解應徵者是否為公司所需之人才。

5.可要求應徵者提示應備之學歷、經歷及其他相關證件。

◆錄用

面試過應徵者之後，下一步就是錄用最符合崗位要求的候選人。

面試可幫助你獲得有助於決定正確人選的兩類訊息：應徵者的技能、個人素質和經驗／知識。

選擇雇員的秘訣如下：

1.要小心挑選，這是最重要的決定之一。

2.人人都有偏見，主管必須意識到自己的偏見，並在選人的過程中努力消除個人偏見。如果做不到這一點，請別人挑選。

3.不要違背相關法律，對所有的應徵者一視同仁。

4.以與工作相關的標準權衡所有的應徵者。

5.錄用決定基於選人過程所獲得的事實之上。

6.不要假定在個人素質方面有一兩處突出的應徵者在其他方面也很好。

7.不要過早地作出結論。沒有事實根據的第一印象能夠導致錯誤的決定。

8.注意傾聽應徵者說話的內容並觀察其舉止，這兩個角度都能夠提供有價值的篩選訊息。

(四)面試中提出的問題

通常應該探討下列五方面問題並將之系統化，這樣才不會忘記問題。

1.教育：應徵者有必要的教育條件，或其他可提供必要技術知識的背景嗎？

2.技能：瞭解應徵者有什麼特殊技能符合此工作職位。

3.個人特質：工作說明應指出求才的職位需要什麼個人特質。面試時，除了這些特質外，試著找出其他或許會影響此應徵者與面試者、其他團隊成員相處的個人因素。

4.經驗：詢問相關經驗的種類和任職時間長短。不只是問「你以前做什麼？」，還要問「你怎麼做的？」。可從應徵者的答案，決定錄取者是否具備此職務必要的經驗類型。

5.成就：問應徵者做過什麼，這是很重要的一點，能讓應徵者能從其他夠資格的候選者之中脫穎而出。

第四節　履歷表及應徵表格的審查

　　除了最基層的工作的職務外，多數應徵者都會提供背景和經驗的履歷表。此外，多數餐旅業者還要求所有應徵者完成一應徵表格。既然已經有了履歷表，為什麼還要應徵表格呢？履歷表是應徵者的銷售花樣——精心設計，用來吸引面試者，讓面試者想僱用他們。應徵者在履歷表中可能會將不想讓面試者知道的背景隱藏起來，或是把對他們有利的條件誇大。許多履歷表未把以往每一個雇主都列出，只列有應徵者希望面試者知道的。其他一些面試者或許需要的資訊，譬如僱用日期、薪資都不告訴你。而應徵表格則用來提供「面試者」需要知道的資訊，而不是應徵者希望面試者知道的。此外，應徵表格幫助面試者在做決定時比較應徵者的背景，即使應徵者提供了詳細的履歷表格。此外，在打電話找應徵者來面試時，要確定已經研究過應徵者的背景了。有經驗的面試者可從履歷表及應徵表格中，得到許多有用的訊息。現在分述如下：

1.人事資料卡是否工整、詳細、貼相片：可看出其是否細心，或是否在意此工作。履歷表是否填寫得很整齊乾淨，履歷表代表一個人的做事態度和用不用心，隨便填寫和亂七八糟、詞不達意都不可取。

2.申請工作類別：可看出其應徵意願及專長所在。

3.出生日：不小於十六足歲才不是童工，四十歲以上要注意退休金問題。

4.血型：由血型看性格，千萬不要太武斷。因為把全國的人分為A、B、O、AB四種性格，太過於粗略，且忽視了個別差異。

5.宗教：只供參考，不影響應徵之工作即可。

6.身高、體重：兩者之間必須有一定比例，否則健康狀況很可能有問題。

7.視力、辨色力：對於特定工作如機械、化工、電工、看顯微鏡等有影響。

8.婚姻：離婚、分居、鰥寡者，可能有照顧子女之問題。

9.戶籍地、通訊地：若有一地址不在本地區，可能穩定性較低。

10.兵役：可看出健康狀況、軍種、兵科、役別、退伍軍階（可看出其用功程度、領導經驗）。

11.學歷：可看出其潛力，例如非一流高中考上一流大學。

12.政府考試及技術檢定：可看出其專業技能、知識或上進心。

13.到職前受過何種訓練：可看出應徵者在原公司受重視之程度及潛力。

14.經歷：須注意起訖日期，是否有什麼隱情，尤其中斷部分即為問題所在。若是在兩個工作之間拉得很長，是否做其他的事或有什麼原因，譬如生病、出國或求學等其他因素。

15.直屬主管職稱：可看出其在組織中之位置；部屬職稱、人數：可看出其所負責任、領導經驗及在組織中之位置。

16.升調記錄：可看出應徵者之潛力、努力程度。

17.薪資：應與其希望待遇相比較，看其是否合理。從薪資變動之記錄，研判其合理性，可推知其以往之工作績效。應詳細瞭解其現行薪資之本薪、津貼、獎金之結構，可為市場薪資調查的來源之一。

18.離職原因：應注意其合理性。

19.工作說明：可看出工作經驗是否相關。

20.可否與閣下雇主連絡：勾「可」者在原公司表現可能不錯；勾「否」者應注意其理由之合理性。提供品德、能力資料人士，若列出以前主管，可能應徵者表現不錯，相信主管會給予其好評。

21.語文能力：對於旅館外務須常接觸外國客人之職位應特別注意本欄。

22.是否曾在本公司服務：若曾在本公司服務，須先詢問以前主管其表現。

23.親屬狀況：配偶若不住同一地區，穩定性可能較低；已婚女性，可能不易投入；扶養人數過多時負擔較重，易因高薪跳槽。

24.是否曾犯刑案：可看出其行為是否有明顯的不適處。

25.社交活動、運動、嗜好：可看出應徵者之合群性、內外向。

26.應徵本工作之動機：可看出其應徵意願之強弱。

27.以前工作之重大貢獻或改進事項：可看出其是否善於表達自己。

28.希望待遇：最好不高於公司制度所能提供，也不低於其現有待遇。

29.希望工作地點：不只一處者，其應徵動機可能較強。

30.辭去現職所需日數：若低於原公司所規定者，若無合理解
　　釋，可能較不負責任。

　　下面的範例為面試時詢問應徵者的問題。根據實際狀況準備類
似這樣的問題，可提供許多有意義的資訊。

【面試問題範例一】

（面試常問的問題）

1.請用三分鐘談談你自己吧！

2.你有什麼問題要問嗎？

3.你的期望待遇是多少？

4.為什麼想離開目前的工作？

5.你覺得自己最大的長處（優點）為何？

6.你覺得自己最大的弱點（缺點）為何？

7.你多快可以開始來上班？

8.目前的工作上，你覺得比較困難的部分在哪裡？

9.為什麼你值得我們僱用呢？

10.你的工作中最令你喜歡的部分是什麼？

11.對於目前的工作，你覺得最不喜歡的地方是？

12.你找工作時最在乎的是什麼？

13.請介紹你的家庭概況。

14.請談談在工作時曾經令你十分沮喪的一次經驗。

15.你最近找工作時曾面試過哪些工作？應徵什麼職位？結
　　果如何？

16.請你用英文介紹目前服務的公司。

17.如果我僱用你，你覺得可以為部門帶來什麼樣的貢獻？

18.你覺得自己具備什麼樣的資格來應徵這項工作？

19.談談你最近閱讀的一本書或雜誌。

20.你覺得你的主管（同事）會給你什麼樣的評語？

21.你如何規劃未來，你認為五年後能達到什麼樣的成就？

22.你覺得要成為一位成功的（＊＊）需要具備什麼樣的特
　　質及能力？

23.談談你覺得對於自己的表現不甚滿意的一次工作經歷。

24.由你的履歷看來，你在過去五年內更換工作頗為頻繁，
　　我如何知道如果我們錄用你，你不會又很快的離職？

25.你曾因為某一次特殊經驗而影響日後的工作態度嗎？

26.你最近是否有參加訓練課程？請談談課程內容。是公司
　　資助還是自費參加？

27.對於工作表現不盡理想的人員，你會以什麼樣的激勵方
　　式來提升其工作效率？

28.你曾聽過我們飯店嗎？你對於本飯店的第一印象如何？

29.你如何克服工作的低潮期？

30.你和同事之間的相處曾有不愉快的經驗嗎？

【面試問題範例二】

（新進人員）

1.行業的認識

(1)你對旅館業的認識？

(2)你為什麼選擇旅館業？

2.公司的認識

(1)你為什麼選擇本飯店？

(2)你對於公司所提供的訓練的認知。

3.工作的認識

(1)你應徵的項目？為什麼？

(2)你對應徵工作內容及職務的瞭解。

4.自我認識

(1)目標：你自己有沒有目標？

你（二至三年後）自我的期許？

(2)能力：你怎麼知道可以勝任這份工作？

你認為自己有什麼條件可以勝任這份工作？

你成為領導者後，如何促進領導者與員工溝通？

(3)個性：你的人際關係好不好？

你和上司意見不合時如何處理？

你自己夠不夠獨立？

你如何排除壓力？

你的個性優缺點為何？

請你用三分鐘自我介紹（英文）。

你的英日文能力如何？

你平常的興趣是什麼？

5.學校

(1)你在學校參加什麼樣的社團？擔任的職位為何？

(2)你學校所學主要課程有哪些？對這工作有何助益？

【面試問題範例三】

（餐廳服務員）

1. 你認為一個餐廳服務員最重要的責任是什麼？

2. 餐廳服務員及廚房師傅，哪一個的工作比較重要？為什麼？

3. 你認為一般服務員最容易犯的錯是什麼？

4. 你認為成為一個好服務員，最重要的條件是什麼？為什麼？

5. 你的家人對於你從事服務員之感想如何？

6. 為什麼有很多人認為服務員的行業不好？

7. 假如領班告訴你做某一件事情，而你感到不恰當，或是有更好的辦法時，你會怎麼做？

8. 服務的禮貌及快速，這兩者你認為哪個比較重要？為什麼？

9. 對那些時常抱怨的老顧客，你如何處理？

10. 假如你懷疑你的上級處事不公平時，你會怎麼辦？

【練習一】

1.將學員分為五人一組，以角色扮演的方式演練求職面試，其中一人扮演求職者，另四人扮演面試者，以應徵下列工作為例：

(1)業務部專員

(2)餐廳服務員

(3)客房部領班

(4)經理秘書

並在角色扮演後，請學員針對面試的準備、問題或一些可能發生的問題予以指認並檢討。

2.要求學員練習撰寫中英文履歷表。

3.若您是一客房部經理，面試六名應徵櫃檯工作的社會新鮮人並從其中取錄，您會如何安排此面試過程？採用何種面試法？可能問的問題有哪些？

【練習二】

你是一家國際觀光飯店客房部經理，現在正在為櫃檯接待員的出缺甄選新人。你已經面試過三位應徵者，發現她們都各具有優點。以下是這三位的一個簡單描述：

1.應徵者甲：陳莎莉

陳莎莉，今年三十二歲，曾經在一家國際觀光飯店做了六年，最後的三年是櫃檯接待員。根據她的介紹信中說她是一個可靠而穩定的員工，而且信中也提到她在做事方面非常的「深思熟慮」，但看起來她的成長潛力並不多，事實上，在介紹信中還提到她可能永遠只能做個櫃檯接待員。

2.應徵者乙：黃瑪莉

黃瑪莉，今年二十六歲，她曾在一家航空公司的票務櫃檯工作了兩年。她的介紹信指出她是一個做事又快又賣力的員工；但她是急性子，容易發脾氣。實際上，她過去曾好幾次被懲戒。她具有相當的潛力，航空公司的主管指出，她可能以後具備有管理整個票務櫃檯作業的能力。

3.應徵者丙：林安娜

林安娜，今年二十二歲，剛從某大學休閒系畢業。她沒有任何飯店工作的經驗，但是看起來具有無可限量的發展潛力。學校老師介紹信指出，她將在二十年內當上國際觀光飯店總經理。

根據以上資料，請問您會選擇哪一位，並解釋為什麼？

第五章

員工訓練

- 訓練的重要性與好處
- 訓練的步驟
- 餐旅業的訓練
- 編製訓練教材

何謂「訓練」呢？是一種結構嚴謹的程序，人們藉著此一程序，為某個特定目標而學習知識與技巧，而能有效的完成工作。訓練是指促使一個人正確地、有效地、盡責地執行工作；而後，使這個人的工作品質不斷地提升。訓練是對被訓練者，施以教導，並讓其練習，以期使其行為、技術、身體狀態能提升至預定的目標，訓練是一種特殊且實用的教育形式。訓練專注於與工作有關的特殊技巧與技術，這些技巧與技術的學習效果是可以衡量的，一旦學會即可派上用場。培訓的對象可以是新的員工，必要時也可以是現職員工。身為餐旅業的督導，無論是親自培訓新員工，還是把訓練工作交給部門的培訓教員或有才幹的一般員工，向員工提供適當的培訓是督導的主要責任之一。即使將培訓的任務交給別人，都仍然需要對培訓工作負責。本章將介紹督導管理工作內最基本的員工訓練技巧。

第一節　訓練的重要性與好處

一、訓練的重要性

訓練必須達成三個互有關係的目標：第一，發展受訓者的適當技術、技能，如設備操作、烹飪技術等，使受訓者能安全、有效地完成工作；第二，培育受訓者內在的理想、觀念、方法和實質的程序，使他們能夠在心理上和生理上想到必須做什麼和為什麼必須做。若受訓者能瞭解工作單元間的關係及與他人工作的關係，便會增加他對工作的熟練及對工作的承諾，員工對工作的結構愈密切，愈能解決非經常性的工作問題，更能夠有創造性地變化工作來保持

績效的尖峰。訓練的第三個目標是幫助受訓者發展適當的工作和人際關係的態度。嚴正的態度不是只靠說話來溝通，更要靠實踐。督導人員談論安全，若在實行時卻不顧安全，員工們會認為督導人員不關心他們的福利，同樣地，員工也開始認為安全不重要了。

　　身為督導人員主要的職務就是透過員工完成工作，而最重要的職責之一，就是確定員工是否得到適當的訓練。假如部門督導人員所監督的某一位員工，由於訓練不當而無法有效地執行工作，那麼就這名員工而言，這一位部門督導人員並未盡到職責。除非員工受到適當的訓練，否則部門督導人員沒有正當的理由可以評估他們，或者批評他們的工作表現。

　　扮演一名部門督導人員的角色時，希望促使員工達到最佳成果，訓練工作是刻不容緩的學習重點。不但必須儘快學習如何訓練人，而且必須學習如何確實做好訓練工作。訓練員工的工作若是執行不當，不但浪費了時間，而且無從補救。上司往往怪罪員工的能力不足，然而，事實上該怪罪的是部門督導人員並未做好訓練的工作。

　　訓練不當、效率不佳的員工可能破壞公司的形象，可能使公司喪失生意，而且可能導致人事變動頻繁而影響單位的士氣，這一切所造成的損失，確實無從估計，「教育訓練費很貴，但不辦教育訓練則損耗費用會更貴」。

二、訓練的好處

(一)對組織而言

　　訓練對督導人員、員工和組織有很多利益。一個有訓練的勞

動力具有更高的效率和效果。由於具有更高的生產力，其成本較員工受訓練的競爭者更低，因此，利潤增高，利潤可以再分配，或留作繼續擴充和成長之用。曾接受訓練的員工有迅速吸收新知識的能力，是組織內部既成的資源，能適於組織成長的需要。組織如不能善用這些經過訓練之員工的技能，便增加了被其他競爭者吸收的可能性。當然，沒有組織願意為競爭者訓練員工的。

在今天競爭的市場裡，一個組織不能總是停滯不進步，停止進步就是自撒毀滅的種子，組織必須有未來需要的計畫，繼續員工的發展，以適應變化的需要，就如IBM便是一個極佳的例子，快速的成長、付出高的工資、極高的工作安全、較多的升遷機會等，總之，有一個適合的、團結的、親組織的勞動力，多年來維持極好的利潤，支撐著IBM並且保持成長歷時二十年。

(二)對員工而言

對員工而言，訓練的好處更多，受過訓練的員工不僅在現在的工作上有更高成功的可能性，而且，對他們的整個事業也同樣地具更高成功的可能性。對自己的工作感到滿意且受過訓練的員工，會有更多的生產，本身就滿足了許多不同的需要。有訓練的員工養成了強烈的自我形象，只要員工所面對的工作具有挑戰性，便會漸漸地養成親組織的態度，他們的曠職較少、抱怨申訴減少、不易參加公開的和非公開的報復組織的行動。組織的成本愈低，員工的工作安全、晉升機會和工資增加愈高。

(三)對督導而言

督導人員參加訓練員工時，與員工們相處，因而能對員工有更深的認識，對員工們的需要知道得更多。督導人員參與員工的發

展，使員工有效的工作，並能幫助員工的事業更上一層樓，自己也會有更多的升遷機會。因此合適的訓練員工後，所能得到之利益如下列說明之。

◆增進對員工的瞭解

當督導在跟新員工打交道時，可促進對員工的需要及潛力的瞭解程度；與資深員工進行訓練時，則可增加對每一個人的重新認識，因而在作有關升遷、加薪、轉調等決定或建議時，會更爲輕鬆容易。

◆增進個人的前程

當屬下在能力、經驗及名譽上成長時，督導本身也一起成長；每一個員工增加了自己的幹練及效率時，整個團體也受到利益，當員工表現良好時，將大大的影響到領班及領導者的名譽，督導的名譽是員工做出來的產品。

◆得到較多的時間

由於訓練的結果，屬下會變成比較有自信及能夠自立，將會發現他們的工作表現進步了，就會有比較多的時間來從事重要的工作，也可以花較少的時間在改正錯誤上，而花較多的時間在計畫、組織、控制及協調上，就可以將獨裁式指揮（在訓練期間這是必須的）轉變成一種比較不花費時間的指揮方式。

◆增進人際關係

與員工建立良好的人際關係是督導的基本工作之一，督導須給予員工理由來服從命令，並與同事之間維持和諧的工作關係。員工因在訓練上得到自信、自尊和安全感，這能增加員工對督導人員的尊敬及合作，很多人會將督導看成進步的象徵，而在將來的指導和忠告上更加信賴督導。

◆提高工作安全

　　經由對安全守則和程度的強調，可以減少工作的危險性，同時也能透過督導的言行態度，來減少員工不守安全措施的可能性，也降低意外及受傷的情形，因此，培訓對每個人都有好處。

 # 第二節　訓練的步驟

　　嚴謹的訓練應有一定的步驟，才能維持訓練的品質。為了成為一名優秀的督導人員，必須有一套組織嚴謹、適用於任何訓練狀況的程序可供遵循。這套程序就是「PESOS」。這些英文字母代表訓練都歸納成五個步驟：準備（Prepare）、講解（Explain）、示範（Show）、觀察（Observe）和督導（Supervise），這一套訓練程序利用學習法則與原理的優點，提供合適的狀況，使人們達到最佳學習效果，並且使督導人員得以施行澈底的訓練。提供一個絕佳的機會，可以實際應用管理學上的一切領導技巧，以及一切良好人際關係的原則。

一、步驟一：準備

　　訓練準備工作包括有形的和無形的兩方面。督導在開始之前，一切訓練所需之「有形」設備和設施都必須就位。基本的準備工作，包括綱要擬定、製作教案、寫講義、補充教材、教具（如白板、筆、投影機、投影片、電視、攝影機）、訓練手冊、資料、測驗卷等。一旦開始，不會希望因為還要到處找所需的東西而被打斷。除非一個人心裡已準備好，要不然很難去學習一項新事物；所

以首先得先幫助新員工準備好將教導的東西。在準備的同時，考慮下列幾點有效的技巧：

(一)讓員工儘量放輕鬆

多瞭解員工，與員工們談談，使他們對訓練人員和環境減低壓力。假如一個員工對訓練人員或訓練感到害怕，將是無法學好，所以儘量讓他們在輕鬆的情況下學習。

(二)瞭解員工對工作的認識

針對員工即將接受訓練的工作領域，詢問特定的問題。假如員工宣稱自己懂得這份工作，便進而提出「偵測性」的問題，以瞭解如何著手進行工作；員工執行工作的方法可能跟你的方法完全不同。

(三)引發員工的興趣

不要假定員工對受訓很感興趣，必須使員工相信訓練是對其有利的事情。每一份工作都有某些層面能夠引發員工的興趣。畢竟，工作如果重要到有待執行的地步，這一份工作必然具有某種令人感興趣的層面。員工的興趣越濃厚，想要做好工作的動機就越強烈，訓練工作也就越輕鬆。

(四)激發人員學習工作技能

給員工特定的理由和利益使其學習新概念和新技能，使訓練更有趣，亦達到個人的獎賞。

很多訓練者認為員工對接受訓練感到興趣，是理所當然的。其實不盡然。只有當員工明瞭這些學習對他有幫助，能改進他的技巧

和能力，他才會有興趣，也才有學習的欲望。要讓學員明瞭學習的好處及激起其學習欲望，則有賴於溝通和啟發。如果訓練者能在訓練前，營造出友善、輕鬆、互動的氣氛，將有助於這種溝通。

二、步驟二：講解

(一)強調重點，詞句簡明

1. 精確地告訴學員學習的重點，避免冗長繁複。事先擬定講解方式，如何分段分節，如何條理清楚地說明，並突顯「課程」的重點。

2. 不要填鴨，只講能有效消化的進度。使用簡單的言詞，簡明的言詞最有力量，最令人印象深刻。講課層次分明、架構清晰，學習效果最好。

(二)向員工「說明」工作內容

1. 陳述員工即將學習的工作。可以告訴員工：「我們即將學習的工作是……」，清楚明確地敘述即將學習的工作。

2. 一次說明一個步驟。這種作法可以促成井井有條的指導順序。

3. 強調關鍵重點。不只提及一些重要的細節，而且要強調這些細節。一份工作當中，比較難學的部分或許只占百分之五或百分之十的比例，然而，為了確保員工的成就，這一部分的工作內容務必詳加解說。不要浪費時間在無關緊要的細節上。如果你所作的說明夾雜了許多無關緊要的事項，員工必然更難以瞭解或記住重要的事項。

4.清楚、澈底並且耐心地說明。這一點是指督導的指導態度。為了使員工保持平和的心境，欣然接受指導，必須表現出眞誠的心意與親切的態度。

5.不要一次傳授太多東西，使員工吸收不及。員工吸收知識的能力各不相同，爲個別員工挑選分量適中的指導單元，是督導應盡的職責。一次說明太多東西，難免造成混淆。

6.使用簡單的語言。語言的目的是爲了使別人瞭解自己的意思。複雜的言詞與術語或許會使某些員工覺得督導很精明能幹，但是他們無法正確捕捉話語中的概念。簡單的語言是使別人瞭解你意思的最佳方法。

7.取得回饋。請員工複述一遍自己所講的話，以便確定學習是否正式展開。

三、步驟三：示範

(一)由督導親自動手，爲員工示範做什麼以及如何做

如果可能的話，設法一邊說明，一邊爲員工示範如何執行工作。說明與示範同時進行，比兩者分開來進行，更具成效。

(二)示範執行工作的最佳方法

爲了避免混淆，應該只爲員工示範一種方法，而且應該示範所知道的最佳方法。

(三)爲員工示範的時候，務必訂定高標準

當員工觀察督導執行工作的時候，此時員工不但將督導的表現

視為如何執行工作的實施示範，而且視之為工作成就的楷模。假如督導所提供的是二流的示範，當然就不能指望員工有一流的表現。因此所做的工作必須成為一種標準，而且這個標準將在訓練結束之後，左右員工的工作品質。

(四)重複示範

這個步驟極為重要，絕對不可以省略。在第二度的示範中，重複確實的步驟順序與關鍵重點，以便開始塑造員工的習慣模式，縮短學習所需要的時間。

四、步驟四：觀察

(一)讓員工執行工作

員工正在執行工作的時候，除非發生嚴重的問題，否則不應該插手。員工如果犯錯，不要馬上介入或接管。假使員工知道，不論出現多麼細微的錯誤，督導人員都會介入，那麼就達不到最好的工作表現了，可以讓員工從他們所犯的錯誤中學習。假如員工確實碰到嚴重的問題，這時就應該予以協助。

在第一次的工作「預演」中，員工不必敘述正在進行的步驟。在這學習的初步階段，要求員工尋思字眼，描述自己正在進行的步驟，可能造成員工額外的負擔，並且往往導致混淆不清。

(二)再度執行工作時，請員工說明關鍵要點

在第二次的工作「預演」中，員工應該要敘述正在執行的各個工作步驟之關鍵要點。

(三)確定員工已經充分瞭解

　　要做到這一點，可以在第三次的工作「預演」中，詢問「偵測性」的問題。這些「偵測性」的問題，會要求員工針對工作上的關鍵要點，提出特定的答覆。

(四)稱讚員工的努力與進步

　　讚美是訓練工作的一部分，而且是非常有價值的一部分，它們鼓舞員工追求更好的表現。真誠的讚美給予員工成功的感受。這將有助於建立自信心。不要吝於讚美，但是也不要過於誇張。要運用判斷力，不時稱讚員工，使讚美成為鼓舞員工士氣的一股穩定力量。

　　員工並非須將工作做得十全十美，才有資格接受讚美。縱使是些許的進步或改進，都值得真心讚賞。即使幾乎毫無進步，只要員工已經努力嘗試過了，就應該受到稱讚。員工一有好的表現，立刻加以稱讚，不要等一個鐘頭之後，或者等到第二天才稱讚，應該適時給予讚美。

(五)儘快糾正錯誤，提供具有建設性、善意的建議

　　沒有任何一位員工喜歡受到批評，然而他們大多渴望學習。因此，員工如果做錯了某些事情，避免「大呼小叫」地妄加批評。應該指導員工如何將工作做得更好，如此糾正亦成為訓練的一部分。應該趁著員工對錯誤尚記憶猶新時，立即採取糾正措施，且是私下糾正員工，對員工而言，在別人面前接受指正，是非常難堪又洩氣的一件事，千萬不要這麼做。

(六)讓員工重複執行工作，直到確定員工對工作已相當熟悉為止

不要認為員工一試就會的東西便不需要重複練習。重複永遠是必要的，少了這一個步驟，員工無法記住所學的東西。若非經過重複的步驟，將無法發展或維持工作技巧。實行滿意以後，覺得受訓的學員可以獨立做該項工作時，讓他獨自去做該工作。學員需要機會試試他學到的技能，或許還會出錯，但那是不可避免的。可以不時檢查一下工作的進展，做必要的修正。

五、步驟五：督導

訓練者儘快地安排學習者從事於已學會的工作，這樣不但可以加深學習者的瞭解，同時也可以增加其自信及熟練度。

(一)使員工獨立自主

一旦確定員工已經通過訓練的考驗，能夠執行工作之後，應該讓員工獨立作業。然而，員工應該知道，督導會時常檢查工作進度。

(二)鼓勵發問

員工執行工作的時候，往往會碰到一些有待解答的問題，應該鼓勵員工發問。

(三)逐步放鬆

隨著情況以及員工的能力日漸進步，逐步拉長探察員工工作情況的時間間隔。

(四)使督導工作持續不斷

應該繼續不斷地檢討進度、分析、商量、建議，並且協助員工擬訂以修正目標為基礎的新計畫。透過訓練，栽培員工；透過良好的監督，確保員工的成就。

訓練的目的，在養成員工獨立作業的能力，但主管常以為員工已能獨立了，而忽略了追蹤考核，久而久之，員工的表現可能逐漸產生偏差。在開頭做對了，但一段時間下來，說明的方式可能走樣了，粗心大意的人可能在過程中略去某些步驟，造成錯誤或使事情更複雜。所以主管要作適當的持續督導。主管應有這些認知：追蹤的步驟很重要，因為不管怎麼教，原先的作法做久了總是容易變樣。大多數新人無法自我管理或要求自己遵循計畫去行動。

 ## 第三節 餐旅業的訓練

一、餐旅業的訓練方法

以餐旅等服務業而言，主要的訓練方法有演講、模擬訓練、視聽技術輔助教學、電腦輔助訓練、個案討論、角色扮演及業務競賽等。

(一)演講

為最常用的非在職訓練方式，主要用意在於短時間內將大量訊息傳達給多數的聽眾。優點是費用經濟，缺點是非雙向溝通，不知

道聽眾獲得的效果如何。

(二)模擬訓練

這種訓練方式是讓受訓者在工作現場以外的地方學習，學習的對象也許是真正的設備，也可能是模擬的設備，因此，模擬訓練具有在職訓練的優點，唯一差別就是非在工作現場中學習。當讓受訓者在工作現場上學習，顯得花費過於昂貴或有危險性時，它就是唯一的選擇。例如讓一位無經驗的餐廳服務員在現場學習，可能因服務水準降低，引起客人抱怨；同樣地，如果讓初學飛機的學員就直接在飛機上學習駕駛，就太危險了。

(三)視聽技術輔助教學

透過影片放映、閉路電視、錄影帶、錄音帶及電腦，將各項資訊提供給受訓者知曉；這常是最有效率的訓練方式，但比傳統的訓練方法成本高。通常僅作為教學之輔助設備，不應單獨採用，要連同演講、討論、實例演練等各種訓練方法配合使用。

(四)電腦輔助訓練

採用電腦來輔助訓練工作，讓受訓者在無拘束情況下學習，即一人一機，使用容易，而且能立即得到回饋。此種系統同時也肩負著監督學習效果的責任，即在電腦中設定各種測驗，由受訓者來作答，而管理人員從電腦送來的資料就能瞭解每位受訓者之進步情形。

(五)個案討論

以真實的飯店環境中可能發生的事件（真實或假定的）作為

訓練資料之來源，要受訓者發掘出問題所在，並提出解決問題的方案。此種訓練方式對如何加強解決問題的技巧課程最為有效。

(六)角色扮演

使用角色扮演以建立一種真實生活或工作的情境，給予學員藉由訓練機會演練新技能、新知識；因為透過角色扮演，可直接有效地反映到學員生活或工作遭遇上。角色扮演的過程中，解決問題者可以說是整個角色扮演過程中最直接有效的人員，此角色可以包含一個人以上或可經由輪流方式，使多人同時演練。

在演練過程中，訓練專員（trainer）的職責乃設立一個舞台，使過程盡可能順暢，同時在演練之初，只須預先設定的條件說明清楚，事後清晰予以總評，同時溝通瞭解正確處理方式，在進行當中不需要太多提示，才可收到集思廣益之效。

(七)地區建教合作課程

與國內有觀光科、餐飲科系的學校等建教合作；學生除了在工作場所在職訓練，並要定期到訓練中心參加相關語文、技能等課程之訓練。在實習期間，學生也算是公司之員工，仍要給予勞保及津貼等福利。

(八)海外建教合作課程

與國外的餐旅管理專門學校建教合作，接受一定數量的學生來國內的觀光旅館在職訓練。以前國內曾有幾家旅館與香港理工學院的旅館管理學系建教合作，每家旅館接受十名同學，為期六個月，成效不錯。

(九)交流訓練課程

選派表現優良的員工，到國外的相關同業旅館；透過直接在工作場所的實際在職訓練，達到雙向交流的目的，受訓期間為期十天到一個月不等。飯店的員工，可與其國外關係企業旅館的互相交流訓練。飯店可選派其員工到與其關係頗密切的國外飯店觀摩實習。

(十)語文進修課程

可分為館內或館外之語文進修，館內之語文訓練通常由中心安排之初級和中級英、日語班，針對業務需要而設，主要對象為餐飲、櫃檯、房務及財務部門需要面對客人之員工；館外之語文訓練，則對象為本身語文已不錯的大專程度員工，個人有更上一層樓之需要，例如業務部或櫃檯的員工，可參加進修課程。

(十一)內部交流培訓

這是一種到公司內其他部門接受訓練的方案，視公司政策不同而異，大部分的公司是強制性的，由訓練中心安排儲訓的員工於一定的期間（如一個月），到指定的不同單位作輪調式的培訓。但也有公司是由公司員工自己報名，利用下班時間為之。

二、訓練餐旅人員之注意事項

(一)建立餐飲新進人員基礎訓練

除了職前講習外，公司可在新進人員開始工作之前，集中學

習、練習餐飲人員基礎技能、知識，以及正確的服務態度，使之做好充分的準備。

(二)建立大哥哥／大姐姐制度（buddy-buddy system）

新進人員大多是從學校畢業學生，不但要學習工作必備的技能，也要適應工作環境，學習與同事、上司相處之道；如果能在新進人員未上軌道之前，安排一位大哥哥或大姐姐——通常由資深基層人員擔任，由於職位相同，輕易溝通，可隨時伸出援手。

(三)建立個人訓練記錄、內部晉升管道

個人訓練記錄有助於主管追蹤訓練的進度、成效，也讓餐飲人員瞭解公司對每個職位的栽培計畫，而開放的內部晉升管道，公布各職位的人才條件、晉升方法、內容，才能刺激員工的學習意願。

(四)活潑的訓練方式

如前所述，年輕人不喜歡呆板的工作，自然也不喜歡呆板的訓練方式，部門主管執行訓練時更應加強員工與客人應對的能力，角色扮演即是一種十分有效的方法。

(五)多元化餐飲人力組合

業界普通面臨餐飲基層員工不足的挑戰，因應此挑戰的方法，除了與學校建教合作，另外一種方式則是以臨時工來應急，大部分臨時工都是在校學生打工賺錢，由於三不五時才來工作，如何以快速有效的訓練方法提高臨時工的服務品質，已成為業者必須要去思考的課題。

第四節　編製訓練教材

一、編製訓練教材前須瞭解之事項

編製訓練教材前須先做工作分析，做工作分析前須先瞭解下列各項：

(一)何謂工作

一組職位（position），從事大致相同的任務或工作活動，而工作（job）是由許多工作項目（task）組合起來的。例如：餐廳服務生、餐廳出納員、餐廳領檯、櫃檯接待員、房務員。

(二)何謂工作項目

從事某一工作，可客觀及合邏輯地認定的不連續單位或階段，它是執行某一工作時的必須步驟。例如：引導客人、拉椅、折口布、倒水、替客人確認訂房、打掃房間。

二、編製訓練教材內容必須涵蓋之事項

編製訓練教材內容必須涵蓋下列各項：

1.訓練主題。
2.訓練所需物品。
3.做什麼？

(1)列舉數項主要步驟，以完成該工作項目。

(2)每一步驟以「動作」字眼開始。

(3)每一步驟原則上不超過四個字，簡潔有力。

4.如何做？（要點說明）

(1)描述每一步驟之細節，以完成該步驟之工作。

(2)理由：簡短描述每一步驟為何要這樣做，是否有某些特殊理由，如可以「感覺」、「看起來」、「聞起來」、「聽起來」等字眼描述。

(3)備註：附註須以額外之知職，正確的完成工作，可以安全、衛生等著眼點來考慮。

三、編製訓練教材應注意之事項

編製訓練教材應注意下列各項：

1.完整性。

2.標準性。

3.引導性。

4.層次分明易看易懂。

餐廳工作項目範例列表如**表5-1**所示。

表5-1 餐廳工作項目範例列表

RESTAURANT
List of Tasks
R/01　Cleanings　清潔
R/02　Cleaning restaurant equipment　服務台的清潔
R/03　Preparing service tables and sideboards　服務台的準備
R/04　Preparing tables　客人桌子的布置
R/05　Preparing room service pantry　客房餐飲餐具室的準備
R/06　Employing personal grooming and hygiene techniques　個人修飾及衛生技巧的運用
R/07　Closing down the restaurant　餐廳停止營業
R/08　Ordering and carrying food from the kitchen　由廚房點菜及送菜
R/09　Ordering and carrying beverages　點及送飲料
R/10　Speaking foreign languages appropriate to the task　講工作所需的外語
R/11　Clearing tables in self-service　客人自助服務時的清理桌面
R/12　Serving cigars and cigarettes　香菸及雪茄的服務
R/13　Operating self-service counter　客人自助服務餐飲櫃檯的作業
R/14　Serving food　食物的服務
R/15　Serving non-alcoholic beverages　非酒精性飲料的服務
R/16　Serving wines　葡萄酒的服務
R/17　Serving alcoholic beverages　各項酒類的服務
R/18　Using the telephone　電話的處理
R/19　Serving food and beverages in the bedroom　客房餐飲服務
R/20　Preparing and serving buffets　自助餐的準備及服務
R/21　Taking food orders　接受點菜
R/22　Taking non-alcoholic beverages orders　接受點飲料
R/23　Taking alcoholic beverage orders　接受點酒
R/24　Taking orders for wines　接受點葡萄酒
R/25　Compiling food and beverage orders manually　點菜單及點酒單的收集處理
R/26　Carving meat, poultry and fish in the restaurant　肉、家禽及魚的切法

（續）表5-1　餐廳工作項目範例列表

R/27	Flambeing dishes 火焰食物
R/28	Dealing with complaints　抱怨處理
R/29	Billing manually　帳單處理
R/30	Operating cash register　現金登帳機的作業
R/31	Billing mechanically　帳單機器化作業
R/32	Billing self-service　客人自助服務時帳單處理
R/33	Planning menus for special occasions　特別時節的菜單計畫
R/34	Arranging special occasions　特別時節的準備
R/35	Making table reservations　訂席服務的作業
R/36	Planning and inspecting the preparation of the restaurant　餐廳準備事宜的計畫及檢查
R/37	Making daily cash reports　製作每日現金報表
R/38	Receiving restaurant guests　餐廳客人的接待
R/39	Drawing up duty rosters　製作值勤表
R/40	Taking inventory of equipment　器材存貨的控制
R/41	Supervising　監督
R/42	Giving on-the-job training　給予在職訓練
R/43	Using public address system　使用公共廣播系統
R/44	Taking action in emergencies　緊急事故的處理
R/45	Giving first aid　急救
R/46	Taking fire prevention and safety action　防火及安全措施
R/47	Operating dispense bar　各處酒吧作業

【練習一】訓練的好處

請組員分組討論，下面三個題目，並上台報告心得。

1.訓練對員工的好處。

2.訓練對公司的好處。

3.訓練對教導者的好處。

【練習二】實況模擬

由組員分組演練某一項工作，並將組員分為指導者、演練者、觀察者。時間30分鐘，演練完畢，進行下列觀察報告討論。

觀察報告書的重點提示：

1.準備學習者

(1)準備學習者的技巧如何？有沒有解釋出訓練的目標？

(2)有沒有問到學習者以前的經驗？如何問？學習者的自信及興趣是如何建立的？

2.訓練者示範

(1)訓練者示範得如何？（太快、太慢或對學習者太深奧）

(2)學習者是否參與或被激勵？

3.安排學習者工作

(1)當練習完畢時，學習者是否已經能獨立作業？有沒有鼓勵學習者？

(2)學習者是否保持高度的工作表現？有沒有鼓勵學習者多問問題？如果需要？學習者如何得到幫助？

第六章

溝通技巧與命令

- 溝通的概念
- 溝通的障礙及有效溝通
- 下達命令

　　溝通是訊息交換的過程，溝通的方式包含了有形及無形，它可能透過聲音、光線、顏色，也可能只是一個表情、一舉手、一投足都是溝通。那麼，不說話時有沒有溝通呢？我們的行動，或者即使沒有行動也在表示某種意思。聽和寫，兩者都是溝通的形式。許多人認爲他們一生都在說、聽和寫，關於溝通這個問題沒有什麼好學的。若我們能夠溝通，還有什麼問題呢？事實上，溝通的過程包括溝通的步驟和技巧是相當複雜的。在餐旅業工作，想獲得成功，就必須是一個善於溝通者。

　　督導人員是處於中間位置的人物，對下代表上級部門，而在與其他人的關係中又代表員工。從許多方面來看，「代表」本身就是一種溝通。前面幾章中已敘述了幾類管理活動，其中之一的「協調」就可以說是溝通。督導在與各級部門交往中代表員工，協調飯店資源之利用時，他便參與了溝通的過程。督導要成功地領導下屬，他必須是一位善於溝通者。另外，督導溝通並不只限於說話、寫報告、安排員工工作時間、同意時點頭、惱怒時揮舞雙手等等，也都是溝通的形式。

　　餐旅業的督導者，經常地需要溝通，是發送及接收訊息者，而這兩種角色都非常重要。必須瞭解上司傳達下來的指示、必須先明確地與上司溝通、協調工作，而且須有效率地與顧客溝通，這些都是非常重要的，因此，必須成功地與上司溝通，那麼，就會有能力去得到所要的資源，如果不能做到有效的溝通，就不能夠有效率地經營管理。

第一節 溝通的概念

一、溝通的要義

溝通（communicate）源自拉丁文kommu，使普通化、共同化之意。溝通有許多不同的定義，茲將溝通的定義分析如下：

1. 「溝通乃是一人將某種資訊與意思傳遞予他人的程序」。不過，僅僅是一個人將他所要表達的意思，用文字、語言或其他媒介表現出來，還不能稱是完成溝通程序，因為對方可能沒有察覺到這種表示，或對方完全誤解了他的表示。

2. 「什麼人，說什麼，經由什麼路線至什麼人，而達成什麼結果的過程」。溝通必須包括接受信息的一方，以及他所實際獲得的訊息在內。

3. 「溝通係將一人的意思和觀念傳達給別人之行動」。

4. 雙方思想、觀念、意見、消息、情感等的傳達及交流，目的在分享及建立共同的看法，因瞭解而後產生一致的行動。

5. 訊息的交換、情感的交流、觀念的互換，而後在互信、互諒、互尊、互重的基礎下，追求共同的目標和理想。

6. 瞭解對方（洞悉），讓對方瞭解（表達），讓對方接受（協調、引起共鳴、人際互動）。

7. 表達自己的意見→傾聽別人的意見→修正彼此的意見→協調共同的意見。

二、溝通方式

溝通方式可分為「語言」和「非語言」兩項，茲分析如下：

(一)語言溝通

語言溝通可分為文字與口頭兩種型式，茲分述如下：

◆文字的溝通

如信件、書籍、刊物、海報、報紙等。身為督導，有時需以書面方式與上司、部屬、客戶溝通，所以文字能力還是很重要。正式的文字溝通，如信函、調查研究報告、員工的績效評估等，必須精確簡短扼要；非正式的文字溝通，如傳達消息或激勵部屬的便條，也要在用字上注重禮貌，以達到效果。

◆口頭的溝通

如電話、會議、演講等。一般來說，成功的督導人員，應具備一定的口語表達能力。餐旅業的服務所面臨的往往是「一對一」而不是「一對眾」的情境，但身為督導常面對一對眾的溝通情境，有些督導不一定處理得很好，宜多加練習。

(二)非語言溝通

非語言溝通指的是語言或文字以外的溝通，包含聽覺和視覺兩種成分。也就是說，非言語溝通是指我們表達的聽覺和視覺方式，而不是我們說話的內容。例如，身體語言是最重要的非語言行為，從頭到腳都可運用表達或傳遞某種訊息，在溝通時不能或不方便以語言闡述時，以非語言表示可能更貼切。基本上，口語與非口語表

達彼此息息相關，一般我們在溝通時比較注重口語表達的訊息的發放與傳送，但實際上在溝通過程中，非口語的表達有時候比口語表達的內容更為豐富與複雜。茲將非口語溝通訊息種類分述如下：

◆身體定位及姿勢

身體定位是指我們的身體、頭、手、腳等，接近或遠離一個人的程度，也包括所朝的方向。姿勢是肢體的位置移動，姿勢的改變也是一種溝通。突然的坐直而且向前傾斜表示高度注意；站起來則可能表示我做完了；而背對著別人則表示不想去注意。身體的姿勢經常表達非常明確的感情與情緒狀態，例如緊張或放鬆、輕鬆自在或戰戰兢兢、戒慎仔細或粗心大意等。身體的坐姿、立姿、行進可顯示出教養、氣度。例如，站立或行走時不能挺胸抬頭，或是無精打采，都在傳達疲倦、缺乏自信、感到無聊的訊息。身為督導的姿態應該大方而自信、有格局，站立的時候應該腰桿挺直、身體自然放鬆，要顯得自我感覺良好。

◆手勢動作

手勢經常在我們不太注意的情況下，成為情緒的指標，我們會看到伴隨語言描述的手勢，甚至有些人用手說話的情況比別人多。手勢動作包括講話時手、臂、肩、甚至頭部的轉動。借助手勢動作輔助解釋或加強語氣。手勢動作添加訊息及其變化，例如，揮手、拍肩、輕撫、拉手表示友誼或感情；手足舞蹈、跳躍、用手指呈V字型，表示歡喜或成功；推肩、怒目指向某人、打某人、拍巴掌表示憤怒或挑戰；手咬指甲、玩鈕扣、玩筆、撕紙條、捲紙角、折迴紋針等，表示坐立不安；手臂在胸前交叉是最常見的一種手勢動作，這個動作可以表焦慮，表示歧見，或反映出保障自己的欲望；手臂抱胸、手叉腰表示自信。重複的動作，如晃腳或彈手指，都能顯示出人們的不安。

◆頭部及臉部

　　點頭表示同意，搖頭表示不同意或嘆息，垂頭爲喪氣。昂首遠看，低頭下視，表示要看東西。臉部表情是以臉部肌肉來表達情感狀態或對訊息的反應。臉部表情表現出我們的思想和情感。臉部表情是最容易引起注意的部位，但不容易瞭解意義，因臉部表情非常複雜而且變化快。臉部有六種基本表情：驚訝、生氣、厭惡、快樂、傷心、害怕。額眉出汗表示熱或緊張；皺額表示苦惱或困惑；面無表情表示冷漠；臉部蒼白表示恐懼；咬嘴唇、皺眉、擦抹臉頰表示不安。大多數的人在說話時會注意對方的表情，他們能從對方的臉部表情看出對方是喜是憂，是怒是惑。

　　臉部表情是非常自然的表現，但一些人避免使用臉部表情。他們採用呆板的表情，不在臉部顯露出眞實情感。和一個臉部呆板的人說話不僅沒有味道，而且難受，因爲那種樣子實在做作。我們還應該記住，臉部表情並不總是可信的。例如，許多人都學會了逢場作戲、裝模作樣的本領。但是當臉部表情與言語不一致時，我們相信的往往是臉部表情，而不是對方的言語。

◆眼睛

　　眼神接觸是非言語溝通方式中最有力的一種。因爲人們常以眼光接觸，所以要確定眼光的接觸是適當的。眼光接觸除了可以滿足心理的需求，還可經由眼睛的接觸檢視溝通的效果。保持眼光的接觸，可以分辨對方是否用心在聽話，說的話是否引起不安，以及與你談話的人話語中是否有所隱藏等。凝視、直視溝通者，是對對方的尊重。避開眼神表示避開接觸，人們一般會認爲此人對自己沒把握、在說謊、不感興趣，或者對談話者毫不在意。眼光移開或白眼表示輕視或不屑一顧，這些理由都發出反面的訊息。此外，眼神也能傳遞控制和順從的訊息。例如，瞇眼爲對某人的暗示；睜大眼睛

表示驚訝；流淚表示悲傷或喜極而泣；注視表示關切與關心，注視次數越多表示越重視；雙方遮眼表示沉思、困惑或閃避強光。

三、溝通的方向

正式溝通乃是依循著組織的層級或權力路線作為溝通管道。通常可分成四種型態，亦即下行溝通、上行溝通、平行溝通及對外溝通。

(一)下行溝通

下行溝通就是意見依據職權路線，由上層傳遞到下級，通常意指上級人員為傳達命令、提供消息及給予指示之手段，即由組織之高層而至下層。

大多數人對下行溝通訊息的最大誤解是認為它在本質上是單向的：「要照我的話去做，而不是照我的做法去做。」而有些督導也認為溝通是單行道，只有督導控制著溝通方向。這是錯誤的想法，相反地，如果督導願意傾聽或是激勵員工自由地、誠實地交談，將可得到很多的好處。督導不只應接受來自於員工的向上溝通，而且也應該主動地去探尋這方面的訊息；因為下行溝通是督導的主要訊息來源。

一般觀光旅館業較普遍採用之溝通方式包括備忘錄、員工手冊（公司簡介、人事管理規章、安全衛生守則等）、公司內之員工通訊、雜誌等定期刊物、年度報告、特別通知、布告等。其他之溝通方式包括：(1)透過各種會議（如主管會報、部門會議、單位會議）來下達政策命令；(2)面談；(3)電話；(4)座談；(5)廣播；(6)視聽媒體之運用及其他視聽方法的口述、鈴聲、傳語及社會性集會等。

(二)上行溝通

所謂上行溝通，就是員工對組織內的相關事物及其自身之問題，向上級表示態度與意見之程序。上行溝通是指下級人員以報告或建議方式，對上級反應其意見。溝通要有效果，則應非片面的，不是僅有上行或下行，而是上行與下行並存，構成一個溝通的循環系統。

部屬將資訊上達他們的督導，如報告、簽呈、建議。向上溝通的基本價值在於：督導可由此發覺其下屬是否瞭解下達的指示。經由向上溝通，督導可以知道他的想法被瞭解和被接受的過程，並且能創造合作精神，激勵員工參與其部門的營運。如此也可讓員工自覺是參與決策的一份子，而有較高效率的執行。透過良好的溝通，管理階層可以接收到很多有關計畫，或改進其組織和營運等很有價值的意見。向上溝通不只是接收「好」消息的工具，也可以獲取「壞」的消息，讓督導對於一些不良的情況提高警覺，早謀對策，以免到後來不可收拾。

上行溝通的方法可能包括：主管辦公室大門敞開政策、離職面談、意見箱、暢所欲言大會、員工態度調查等。

(三)平行溝通

組織結構中處於同一層級的單位間或個人間的溝通。身為督導，其任務是需要透過他人來達成的。所謂的「他人」，我們往往認為指的是下屬和上司，而很少會想到同事。事實上，同事在工作中也具有同樣的重要性。餐旅業是一個需高度團隊精神的行業，督導除了向上溝通及向下溝通以外，最重要的是協調其他部門服務顧客。

　　平行溝通是在組織內各階層間橫向的溝通，由於這種溝通大多發生於不同命令系統間，地位相當的人員之中，故又稱跨越溝通，其範圍可包括四種：(1)管理階層與工會間之溝通；(2)高階層管理人員間的溝通；(3)中層管理人員之間的溝通；(4)員工間的溝通等。

　　平行溝通優點頗多，例如：

1. 處理問題手續簡化，因而節省時間，提高工作效率。
2. 給予員工瞭解他人工作業務的機會，藉以培養相互利益觀念及團體精神。
3. 平行溝通充分，乃表示員工間有充分交互行為，交互行為可增進員工間的瞭解與合作，培養員工間的友誼，進而提高服務精神與工作興趣。

(四)對外溝通

　　餐旅業的對外溝通極為重要，即使是基層員工也要面對客人。

 # 第二節　溝通的障礙及有效溝通

一、溝通的障礙

(一)知覺的障礙

　　所謂的知覺就是「人對於現實的認知」，這是溝通時最常見的障礙。世界上找不出兩個人擁有完全相同的生活經驗。因此，也沒有兩個人能對事物具有完全相同的看法，所以發訊人的原意與受訊

人的解釋並不一定完全一致。

(二)語文的障礙

全世界有幾萬種以上的語言，即使是中國就有上千種的方言，所以要瞭解所有的語言是不可能的。日本人來到台灣可能成了半文盲，中國人走到了歐洲也成了文盲，而大部分人到了非洲則變成了全文盲。

(三)邏輯推論的障礙

由於每個人的思維方式不同，因此對相同的事情判斷往往不一樣。有人的思考細膩，有人憑直覺，有人憑經驗，有人靠理論，各有各的思考模式，想出的結果也會不同。

(四)地位與階級的障礙

身分地位相差太大，所見所聞皆有不同。班長管理的是一、二十人，與總督導所考慮的上千、上萬人，自有不同。

(五)地理的障礙

地理環境不同，生活方式亦異。美國人當眾擁抱非常自然，而國人在公共場所太過親暱，便會引人指點。

二、有效溝通

(一)原則

1.瞭解自己的感受，注意訊息的互動與回饋。
2.查證別人的感受，學習自我溝通。
3.要求別人與你溝通，不要太快放棄與別人溝通。
4.同理不是同意，接納不是接受。
5.不同不是不好，只是雙方觀念不一樣。
6.正面表達自己的意思，減少扭曲、偽裝、防衛。
7.自己認為「對的」，對方不一定也認為是「對的」，對方所採取的方法對他而言才是「對的」方法。
8.留個機會讓別人說出他們的想法，用心聽聽他們的說法。
9.溝通時要有感情，並能體會對方的感受，但也不是完全感情用事、失去理性，若溝通時不瞭解雙方的感受，則不能算是完整的溝通。
10.不採敵對方式。

(二)步驟

1.明確瞭解你要說些什麼。
2.瞭解你的對象。
3.引起對方的注意。
4.確定對方瞭解自己的意思。
5.讓對方記憶永存。
6.不時要求回饋。
7.付諸行動。

某大電腦廠於某國際觀光飯舉辦股東大會，大會於七點開始，可是直到七點十五分大部分賓客均已到達，會場冷氣尚未開，會場熱得讓人受不了，主辦單位向飯店嚴重抗議，飯店大廳副理只好再三道歉，並指示宴會部及工程部儘速處理，解決這問題。當大廳副理問宴會部領班為什麼不早一點開動冷氣時，宴會部領班回答：「因為飯店正節約能源，經理曾說過所有的宴會均在開始前五分鐘才開動冷氣。」大廳副理非常不開心，他決定明天要和宴會部經理及總工程師談一談。同時也儘量地向客人道歉，客人雖然很氣憤，但總算被大廳副理安撫下來了。

1. 是什麼內在原因導致這問題發生？
2. 如何避免這一類的問題？
3. 如何改進部門間的溝通？

 # 第三節　下達命令

　　有效的下達命令，並能確實執行且達成公司交付之任務，是一個優良的督導人員必備的特質之一。有人說有效的下達命令，管理就成功一半。下達命令並不如想像那麼容易，因為工作指示不清楚而造成的誤解經常可見，我們不時可以聽到部屬抱怨說：「沒有人跟我說啊！……你上一次好像並不是這樣說的，……我並不知道你要我這樣做啊！……」如何避免這種現象，使工作指示能夠獲得瞭解、監督和執行，督導人員應瞭解如何有效的下達命令。

一、命令的種類

(一)命令

緊急時則以命令，例如：「陳先生，趕緊把這衣服送到113房去。」此時關於指示的內容都由管理者來處理，部屬不須做判斷也不須負責任。

(二)拜託（依賴）

「王先生把這份資料拿去參考，做成出差報告的表格。」像這樣給部屬一個提案而讓部屬去自我發揮。

(三)商量

「這次的部門進修計畫，你認為如何？」此種情形是部屬和管理者站在一樣的基礎盤上來考慮事情，部屬的責任和任務也變大了。

(四)暗示

「如果我們的型錄能一目瞭然的話，相信業績一定能更為提高。」這是期待部屬能自發性的工作，並暗示希望幫自己做何種事。

(五)徵求

「突然有件工作很急，非要在這週中完成不可，有誰能擔任這項工作呢？」這是完全讓部屬自動自發，但是管理者必須適時給予

援助。

二、有效的下達命令

(一)確認有發出命令之必要

不能只為了顯示權威而發號施令。身為部門的督導，部屬對其地位已經有了認同，沒有必要為了顯示權威而發出不必要的命令。發出命令之前，一定要弄清楚要完成的是什麼。督導的效率不在於多會發號施令，有的時候工作命令不多反而更好，因為這表示你把各種事情都做了妥當的安排，並且也做了適當的授權。

(二)發布正確的命令

員工士氣低落的原因，其中多半可歸諸於「管理當局不把我們當人看待」。各階層督導人員發布一些不必要的、不適當的和相互矛盾的命令。命令完全不近情理，每個員工提起來都是咬牙切齒，像這種情形只有改變對員工的態度，員工和管理人員之間的關係才能改善。合理的命令會受到遵從，不必要的命令必然會引起部屬的憤怒。

(三)不發布需要強制執行的命令

保持督導尊嚴最佳的方法就是不要發布需要強制執行的命令，這種命令被反抗的後果實在不堪設想。還要注意，有的時候命令未能執行完全是因為對方不知如何去做，為了避免發生這種情形，在做了工作指示之後，一定要問問對方能不能辨別督導的命令。如果對方不會做，就要教他如何做，或是另外找人來指導他。

(四)命令要以建議或請求方式發出

命令若能以建議方式發出往往收效更大。不要說：「這樣做！」、「那樣做！」，而要說：「你願意做這件事嗎？」、「請你幫我做這件事好嗎？」你會發現對方會有相當不同的反應。同時應注意下達命令的態度及聲調，更容易得到員工的合作。

(五)發布命令之前要先釐清要求

許多人輕易地發出命令，卻完全搞不清楚自己要求的是什麼？為了釐清自己的要求，事先思考下列問題：

1.確切知道自己所要完成的是什麼嗎？
2.誰可以做這事？
3.這事何時該完成？
4.為何一定要做這事？
5.最好在何處完成這事？
6.如何完成這事？

如果能逼著自己答覆這些問題，發布的命令就不致太離譜了。

(六)指示要清楚、明確、簡單

一般的狀況是督導人員自認為指示已清楚，但對其他員工而言卻並非如此。說話要簡單、扼要、明確，除了該說的話，其他全部不提。採用簡單的字和簡短的句子，明確說出何人說的，或何人說何人要的，必要時還得準備數據資料、提出事實或舉例。說話的方式不但要讓人聽得懂，而且還要不致引起誤解才行，一句話能說完的事，就別再說第二句。

(七)要求對方重述一遍

督導人員必須確認員工瞭解命令，而不是看到員工點頭就好了。確實採取這種方式有兩項好處，第一，可以確切知道對方是否正確明白瞭解你的意思。第二，可以藉此查核一下自己所說的話是否正是自己想要表達的意思。要求對方重述雖然稍嫌麻煩，但是可以減少誤解的機會。

(八)利用指揮系統發布命令

組織形態不管是大是小，必然有一個固定的指揮體系，工作指示或命令必須循此體系傳達才行，越級指揮不但會破壞組織體系，而且當受命人發現你的命令與他直接上司的命令相衝突時，會爲此感到困惑而無所適從。

(九)鼓勵部屬發問

不管命令是口頭的或書面的，都要鼓勵部屬發問。很多人因爲怕被人知道自己的無知，就算有不清楚或疑問的地方也不敢發問。如果部屬沒有問題，就要問他問題，可以要求他重述重點，然後再要求他記下來。

(十)追蹤命令執行

命令之後而無督導，等於沒有命令一樣，作爲一位領導人，不必追蹤事情的每一細節，但要利用下面各階層的督導人員去視察、去督導，然後要他們報告進度，如果想親身去督導某一部分，一定要確定工作指示已經受到瞭解、監督和執行，這些都是督導人員所

面對的最大障礙，本文所介紹的各種方法正可以協助克服這些障
礙。

【練習一】油漆遊戲

　　將學員分組，每組約10～15人，每人就以下角色抽籤，不可偷看別人的籤，請就所抽到的籤作角色扮演進行討論。假設你們要重新油漆飯店，討論時間約30分鐘，請每一個人發表意見2分鐘，關於如何開會、如何溝通與協調。

1. 你不作任何主張，但全力爭取主席，堅決反對白色。
2. 你在討論過程中，打哈欠、做各種小動作（如冷笑等），不斷擾亂會議進行。
3. 你專門挑別人的毛病，反對綠色、金黃色，贊成紅色。
4. 你在會議冷場時，引導別人講話，發表意見，贊成紅色。
5. 你在會議當中沉默不語，贊同藍色。
6. 你在會中有緊張場面時，扮演打圓場角色，堅決金黃色。
7. 你是一個標準沒有意見的人，但也要發言講話。
8. 你喜歡紫色，但不針對議題發表意見，往往言不及義。
9. 你專挑別的人毛病，講話尖酸刻薄，贊成白色。
10. 你表現很忙碌的樣子，到處走動，全力企圖說服別人，且專門發表不相關的言論。
11. 你專門澄清別人的意見，堅決主張紅色，全力反對白色。
12. 你對會議的成效持懷疑的態度，經常發表聳動的話。
13. 你在會議冷場時，引導別人講話，發表意見，贊成綠色。

【練習二】狀況處理

1. 身為房務部領班，今晚因臨時狀況需要員工加班，請你試著與員工溝通，請部分員工加班。

2. 你身為房務部領班，新進員工與資深員工吵架，身為督導應如何處理？

3. 你身為房務部總領班，因8F、9F、10F將作為音響大展會場，你如何下命令將8F、9F、10F的家具全部搬空？

第七章

員工士氣的激勵

- 員工激勵的原理
- 激勵理論實際應用的限制因素
- 有效的激勵員工

　　激勵是領導能力、鼓舞與獎勵的結合，這一項結合體由督導人員加以運作之後，將展現員工的最佳實力與潛力，使員工產生不斷改進工作表現成績的強烈欲望。激勵定義為「使人們獲得與本身能力相當之成就的一種過程，使人們因為有足夠強烈的欲望而工作得更具效力與效率」。激勵員工士氣是每位督導都關心的課題，因為我們希望員工受到激勵之後，能夠更賣命地為公司打拚，同時也熱愛他們的工作，進而使得公司所交付的任務順利達成，讓主管獲得績效。

　　人類一定是有某種需求才會促使大家去工作的，賺錢養家、滿足食衣住行的需求等，都是人類投入工作的誘因，當然，對於某些員工而言，誘因可能還包括希望獲得別人的認同、希望得到別人的肯定與喜歡，以及結交朋友等，甚至無形的自我肯定與自尊等。因應員工的需求，使其在工作情緒上有所提升，進而有更好的工作表現，促使員工發揮最大潛力的驅策力。不論行為偏差是好是壞，提供適當的後果，是督導人員無可旁貸的職責。

 # 第一節　員工激勵的原理

　　茲將在管理科學上常見的激勵原理分述如下：

一、馬斯洛需求層次理論

　　心理學家告訴我們，為了滿足自己的需要，人們往往表現出某種行為，並且進行一系列特定的活動。行為乃是以需要的滿足為目標。心理學家常常以層次或等級的型態，討論人類的需要。亞伯拉罕‧馬斯洛發展出一套「需求層次」理論（圖7-1），許多單位督導發現，這一套理論非常有用。根據馬斯洛的理論，人是一種需求不

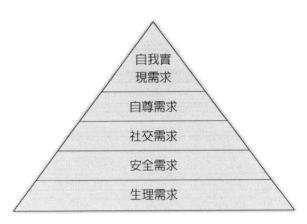

圖7-1　馬斯洛的需求層次理論

斷的生物。一個需求得到滿足之後，另一個需求馬上取而代之。此外，對個人而言，需求可以按照其重要程度，分層排列。這表示，比較重要的需求將支配一個人有意識的生活，而且可以用來刺激一個人的行為。比較不重要的需求則往往不受重視，甚至可能被人遺忘或完全否定。當某一個特定的需求得到相當程度的滿足之後，另一個需求將取代它原來的位置，而支配個人的行為。深入瞭解這五種需求，將有助於找出適當的激勵方式。雖然我們擁有這五種基本需求，但程度卻因人而異，而且隨時在改變。換句話說，我們對這些需求的程度並非一成不變。通常人類先求得最外一層的需求，在這一層需求未獲得滿足前，常對其他的需求置之不理。

　　馬斯洛的需求層次理論（Maslow's Hierarchy of Needs）是最被認同也是最受歡迎的一個理論，馬斯洛是一位生理學家，他認為人的動機是受五種基本需求的影響，茲分述如下：

(一)生理需求

　　此需求是一個人最基本的需求。它們雖然屬於需求層次的最低

等級，但是這些基本需求如果得不到滿足，卻有莫大的關係。即滿足人的生存，如食物、水、氧氣、宿泊處等等。這也用在企業團體裡，如基本薪津以供生活、工作環境及晉升等條件。

(二)安全需求

生理上的需求一旦獲得相當程度的滿足之後，下一個層次較高的需求立刻開始支配一個人的行為，這就是保障與安全的需求，是自衛以及免於威脅的需求。也就是穩定、安全、自由、有保障、有秩序的環境需求。企業體裡就是安全的工作環境、公平合理的規定、工作保障、年俸和保險計畫、多於生活最低需求的薪津，以及組成工會的自由。

(三)社交需求

這是人類合群的本能。我們希望被人所接納、歸屬、聯合、友誼以及愛的需求，成為群體的一份子、擁有朋友以及被他人認同，建立與他人的和諧關係。企業體裡就是指工作上與他人的相互影響，並在友善與支持下接受監督管理、團體互動，以及培養新的人際關係等機會。

(四)自尊需求

在群體需求之上，就是自尊或受人尊敬的需求。這些需求一旦開始作用之後，這個人將持續不斷地尋求這方面的滿足。這一個層次的需求有兩種型式：(1)與個人的自尊有關的需求，例如獨立、成就、自我價值感與才幹的需求；(2)與個人的聲譽有關的需求，例如受人尊敬、讚揚、賞識與社會地位的需求。不像較低層的需求，自尊的需求永無真正滿足的一日。

(五)自我實現需求

這是最難辨別的需求，因為它牽涉到個人渴望與潛能，以及各種技能、才能和情緒。馬斯洛認為那些有自我實現的人，對現實有清楚的認知，能接受自己和他人，是個獨立、有創意和心存感謝的人。在企業環境裡，自我實現包括以吸收工作的潛在價值，作為個人創新和成長。

一般而言，在今天的社會，人們所期望的生理需求、安全需求及社交需求均已獲得相當程度的滿足。我們多半擁有良好的生理狀況、正常的飲食、舒適的生活和良好的工作環境。各種福利措施、工會、投資、保險、終身職位等等，均滿足了我們的安全需求，即使社會需求中也有例外，但不能否認，今日的社會已滿足了最底三層的需求。

由於底層的需求基本上已得到滿足，因此從這三層去激勵員工並無多大的效果。須再次強調，已經獲得滿足的需求並不是激勵因子，未獲得滿足者才是。據此，最頂層的兩項需求，自我實現需求及自尊需求，就變成督導人員激勵員工的主要依據。督導人員所採取的激勵措施，只有針對當時員工最不滿足的需求，才會發生效用。如果員工的健康情形極為惡劣，就很難有很好的成就。由於這位員工的生理問題（底層需求）甚為嚴重，他的心思永遠都在如何治病這個問題上，因此完全忽略成就的需求（頂層需求）。

在這些各式各樣的需求當中，對工作行為最具策略上重要性的誘導因素，就是生理上的需求以及安全的需求。除非這兩個層次的需求得到相當程度的滿足，否則其他任何更高層之需求都無法有效地發揮激勵力量。例如，某一名員工的收入低得難以滿足生理上與安全的需求，這名員工對於用來滿足社會、自尊或自我實現需求的

誘因，可能毫無反應。生理與安全的需求必須先獲得相當程度的滿足之後，投注於其他方面的努力才能產生成果。

　　沒有任何兩位員工是相同的，因此，需求的類型與強度因人而異。對某一位員工而言，生理、安全與社會的需求可能相當容易滿足，而讚譽、聲望與社會地位的需求卻不容易滿足。對另一名員工而言，歸屬感以及被人視為團體裡的重要份子的需要，可能極為強烈。

二、赫茲伯格的雙因子理論

　　1966年赫茲伯格（Frederick Herzberg）提出激勵與保健（motivator and hygiene）之雙因子理論（Two-Factor Theory）。他將馬斯洛的需求層級分成兩組，一組是較低層的需求（生理、安全、社會），另一組是較高層的需求（自尊、自我實現），並認為較高層的需求最有激勵作用；而加薪或較好之工作環境，並無激勵作用，因較低層的需求已很快地得到滿足，一旦這些需求得到滿足，則須以更多的錢或更好的工作環境來激勵，這將是一種永無止境的過程。因此，正確的激勵方式是調整其工作內容，使人們在工作中得到成就感（achievement）與認同感（recognition）。

　　根據其研究，赫茲伯格深信，能滿足較低層需求的因子（稱為保健因子）不同於能滿足較高層需求的因子（稱為激勵因子）。如果保健因子（如薪資、較佳之工作條件）不夠的時候，員工會不滿足；但更重要的是，增加更多這些保健因子是非常不好的激勵方式，因為較低層需求很快會得到滿足，一旦得到滿足之後，除非以鉅額增加的方式，否則不會有激勵作用。另一方面，工作內容或激勵因子（如獲得成就感、認同感、職責與更多挑戰機會）有激勵員工的作用。它們之所以能夠激勵員工，是因它們能夠滿足成就感和

自尊等較高需求。故根據其說法，激勵員工最好的方式是在工作中提供更有成就感之機會。

為了應用其理論，赫茲伯格建議一種「工作豐富化」（job enrichment）的方法；即在工作中添增各種獲得成就感機會等激勵因子，以促使工作更有趣，更具挑戰性。

三、阿特金森和麥克里蘭的成就、權力、情誼需求

有部分學者，其中以阿特金森（John Atkinson）及麥克里蘭（David McClelland），認為人類有三種需求——成就（achievement）、權力（power）及情誼（affiliation）。

成就需求高的人，喜歡在有適度風險情況下工作，因為可以看到自己的貢獻。他們也喜歡能迅速得知自己的績效情形，若能擔任挑戰性工作，對他們更有激勵作用。

具有高權力需求的人，希望能夠獲得及控制影響他人的力量，他們喜歡建議別人、提供意見、使人聽從，以滿足其權力慾。對於擁有高情誼需求的人，則期待能獲得堅固的友誼，並接受他人的情愛與關懷，並積極尋求與他人建立友誼。麥克里蘭發現每個人或多或少都有這些需求；不過很少有兩個人對這些需求的比重是完全一樣的。例如，一個人可能有很高的權力需求，而成就及情誼需求則甚低；另一個人也許情誼需求很高，但權力需求卻甚低。

四、葛拉曼的激勵見解

葛拉曼（Saul Gellerman）認為每一個人皆有金錢、地位、成就和希望受人賞識的需求。他認為，假如其中之一項需求得不到滿足，則此一需求即有激勵作用。但是，人們所追求的不僅僅是表面

的金錢、地位或成就感滿足,相反地,這些都只是人們用來肯定自己的踏腳石而已。

　　最終的激勵在於自我概念(self-concept)成員:以自己喜愛的角色生活,使別人以符合自己期望的身分來對待自己,所得到的報酬能反映自己的能力。故我們永遠都在追求我們想得到的角色,希望能將主觀的理想演變成客觀的事實。

第二節　激勵理論實際應用的限制因素

一、工作

　　第一個限制因素是工作本身,餐旅業的基層工作是容易的、重複的和無聊的。由表面上看來,督導人員沒有能力刺激洗碗員工、安全室人員、清潔工等基層人員,使他們遠離其他的工作逐漸達到工作標準。

　　在例行工作上,有些是能改變使工作變得有興趣或具有挑戰性,大多數的工作是日復一日地做相同的事情,除非員工能自己找出興趣和挑戰來,不然,工作效果只有減而無增。訂定一些工作去刺激員工是很不容易的,但管理者不能喪失希望。在學習本章節之後,將瞭解有創造力的管理者也能做不活潑的工作。

二、公司政策與實行

　　第二種限制因素是公司政策、經營和管理哲學。督導必須要與公司調和每件事,且須知道公司規則及管理方法。而且不要控制薪

水評價、額外福利、獎勵政策、指揮公司組織和實行。若工作用科學上的管理方法完全標準化，便不能干涉工作內容和全部方法，除非透過適當的引導和有程序地建立公司。組織的特徵將影響管理者的風範，若公司的管理哲學是以獨裁主義和高度指揮者，則會有段艱難的時光去實行另外的門徑。

三、督導的權力

另一個限制因素是權力。督導指揮下的員工，倘若員工一直只有工作，這項工作不會帶給員工任何刺激，只是與時間打拚。因為工作不是生活的中心，所以員工沒有展現他們的活力和熱忱。員工為了家計只好持續賣力，員工有工作如同沒有工作一樣辛苦。

另外，有些員工的工作態度是處於被動的，需要督導來告訴他們該去做什麼。如何擺脫員工的散漫和讓他們知道該做什麼？其實，這對沒有技術和經驗的人來說，是有益的。如果當他們感受到異於平常的尊重時，工作環境將變得更富有、更好玩、更有趣，員工也會因此而更滿意，成績也會更進步。

工作要順利就須擁有不同的員工，且須具備評價能力和管理多樣化。工作地點的多樣評價意指增加員工意識，甚至可不同於督導。不用陳舊的觀念或偏見干擾個人的思想，並能辨認每一個人的價值與尊嚴。這也表示了員工具有不同的價值觀和獨一無二的想法，而正確的眼光如同生機，使價值的建議代替了威脅或某些需要改變的事物。畢竟，並不只有員工才喜歡樂於接受改變的督導；督導的轉變與不同，也是來自於員工。

第三節　有效地激勵員工

社會心理學者們最少已經找出基本的激勵員工的原則，有很多成功的督導在不自覺中運用了這些原則，有些則是理論上同意這些準則。但在實際上卻不用心去應用它們，有些人更是與其背道而馳。活用這些原則可以使你成為上級、同事、員工，甚至客人眼中一位善於待人、高效率之督導。準則如下所示：

一、建立員工的自尊

員工愈是自信，就愈能表現好，大部分的員工具有圓滿達成上級指派給他的角色之傾向。例如：主管的態度、期許。

二、注意力集中在難題上而不是性格上（就事論事，對事不對人）

如果把注意力集中在難題上，而不在員工的性格評論上，將比較有效率，有關所有對人類的性格或態度的描述，都讓人模糊不清，更時常會引起錯誤的評價。例如：員工遲到。

三、使用增強的技巧來塑造行為

增強的技巧可以養成好的行為，消除不好的行為，它制約於當員工表現出好的行為時，將得到其所希望的反應；當員工表現出不好的行為時，將得到其所不希望的反應或沒有反應。

四、積極性的聆聽

積極性的聆聽讓員工感到上級瞭解他，是在人類的交換感想行為中占絕對的部分，特別是情緒上的交流更具價值。

五、制定一致的目標，保持溝通

制定明確而易於瞭解的目標，目標本身應該是有限度的困難，但是是可以克服達成的。員工都具有自我認知，最重要的努力就是建立他人的自信心來達到目標的要求。也就是說，依照每個員工之不同，訂立高低遠近程目標並且加以個別指導，將產生相當大的激勵作用。尤其是在物質條件還沒達到十分充足的情況下，物質激勵還是很有效的。這就是要求管理者必須做好獎勵制度，把物質獎勵與員工的工作成績、工作表現及努力程度結合起來。如果不講貢獻，只求平均主義，就會使物質獎勵失去應有的激勵作用。

物質獎勵並非是萬能的，有時會產生淡化現象。由於物質獎勵是有一定的限度，單純的靠物質獎勵不可能充分調動員工的工作積極性，特別是在員工的生活水平不斷提高的今天，同等量的獎勵已發揮不了同樣的作用，所以管理者不能只依賴物質獎勵來達到激勵的目的。

總之，激勵方式並沒有固定模式，也不是一成不變。管理者必須真正理解各種激勵方式的內涵，在管理的過程中，員工有各種不同的性格、愛好、需求，管理者必須在知己知彼的情況下，針對不同的對象，活用各種激勵方式，才能有效地激發起每個員工的工作熱忱。

【練習一】激勵

　　為刺激每個人對激勵因素的瞭解與分析，把學員分成四至五人之小組，然後依下列過程進行活動：

1. 針對下列四類員工，列出你認為在工作上最能激勵他們的四種激勵因素（具體一點）：

                              A　B　C　D

   (1)你本人：　　　　　　　　— — — —
   (2)基層員工：　　　　　　　— — — —
   　　（例如房務部清潔人員、餐飲部服務員）
   (3)領班：　　　　　　　　　— — — —
   (4)部門經理：　　　　　　　— — — —

2. 以小組為單位，討論上列因素並設法達成共識，得出對每類員工的四項激勵對策。

3. 討論時，著重在每類員工的激勵對策之不同，以及不同之原因。

【練習二】自我評量

1. 我是否創造出一種環境，使員工有機會達到成就？

2. 我是否經常尋找員工未滿足的需求，以決定該採取哪一種激勵措施？

3. 我是否經常想辦法「洞悉」員工，找出適合他們的激勵手段？

4. 我能否辨識出生理需求的訊號？

5. 我能否辨識出安全需求的訊號？

6. 我能否辨識出社交需求的訊號？

7. 我能否辨識出自尊需求的訊號？

8. 我能否辨識出自我實現需求的訊號？

9. 對人類共有的五種需求而言，我是否分別擁有一套激勵方案？

10. 我是否經常鼓勵期望的行為？

11. 我的管理方式是否具有彈性，並能適時配合每一位員工的需求？

第八章

團體的管理

- 團隊的類型及成長與溝通
- 建立有效團隊的策略

　　企業是否能永久生存下去，除了需要經營管理者卓越的才幹外，更需要忠誠的主管與敬業樂群的員工，尤其在經濟不景氣與餐旅業競爭激烈的今天，企業生存的本錢，除了資金以外，更需全體員工高度發揮團隊精神，共同努力提高生產力與營業額。

第一節　團體的類型及成長與溝通

一、團體的類型

(一)正式團體

◆正式團體的意義

　　所謂「正式團體」是由法規或政策明文規定有系統關係在這團體內，人員的工作都有詳細明確的規定。每個人都有直接主管，至於工作聯繫與配合，乃藉著正式的權利體系與指揮體系來控制，而且人員與組織的關係來自公司之規定。因而人員之間的接觸只為了職務上之需要，或為了相互利用之目的。從廣義上講，飯店本身就是一個員工團體，在組織結構的最高層，飯店全體員工有一個共同的上司，即總經理。然而要使業務運轉則必須建立更小的、正式的工作團體。因而整個飯店劃分為幾個部門，如客房、餐飲、行政管理等部門。在飯店裡，這些部門仍然太大，不夠靈活，一個人無法進行有效的管理，於是就有必要再劃分成小部門。例如，餐飲部可能分成內場廚房、外場餐廳和宴會部等；客房部可分為客務部、房務部等；工作部門還可分為若干個工作區，如房務部可以樓層或區

域為單位，餐飲部外場可分為好幾個餐廳等。工作區下面還可分為工作班次，如早班、中班、晚班、大夜班等。這種劃分是正式的工作團體的劃分。每個團體有一個正式主管或督導，負責對團體的工作進行計畫、協調、指導和控制。一個單位的各項工作任務通常都是互相聯繫的，一般來說，愈到底層的單位，其工作任務之間的聯繫愈緊密。

◆正式團體的類型

1.指揮團體：飯店中最典型的正式工作群體稱為「指揮團體」。這個「指揮團體」包括經理和他的下屬。根據組織結構的層次，主管可以是他的員工的上司，同時也是他自己上司的下屬。一般來說，經理和主管至少是兩個指揮團體的成員。

2.任務團體：第二種正式的企業組織稱為「任務團體」。這種「任務團體」的成立是為了完成非例行性的工作。例如，為了解決某件具體事情或某個具體問題而成立的特別委員會或者臨時工作小組，就是一個任務團體。這種委員會或工作小組的任務，可能是制訂一種新的菜單或者對工作單位進行分析，以便能訂出工作細則或培訓計畫。一般在事情結束後就解散了。總之，「任務團體」的成立可以幫助主管解決他的正式群體所碰到的某些具體問題。

(二)非正式團體

◆非正式團體的意義

非正式團體乃為人員間的非正式交互行為所形成的社會關係網，這種關係網並非循著法定程序建立，而是基於人與社會關係所

建立的交往系統，是任何多數人所構成團體中人員之間所必然形成的一種關係。非正式團體的形成有幾種原因，例如員工興趣一致加上工作位置與其他人靠得近，是這種團體形成的主要原因。另外，經濟上的考慮也會使幾個人成為一個群體。人們在群體中活動時，往往是尋求某種個人需求的滿足，例如，當一個團體能夠同心協力，完成員工一個人無法完成的事情時，員工會感到個人能得到保障，個人就有一種安全感。個人對歸屬、被尊敬、地位以及被承認的需求也是人們喜歡並加入團體的原因。甚至是最高需求，即自我實現的需求，在加入了一個以完成事業為宗旨的非正式團體後，也有可能得以滿足。員工團體，不管是正式的還是非正式的，都制定有要求全體成員遵守的良好的行為準則。從個人的角度看，加入團體的好處是：

1. 友誼同伴關係：大多數人希望自己能與別人建立關係。
2. 理解：不少人喜歡請別人聽聽他們的煩惱和問題。幫助解決問題，團體可以透過出主意、作決定、權衡利弊等方式為成員提供有價值的幫助。
3. 個人利益得到保護：俗話說「人多保險」，一旦建立了聯合戰線或團體防禦，對付外界的壓力也就容易得多。

總之，我們可以從員工個人和整個團體的角度來分析各種團體形成的原因。

◆餐旅業常見的非正式團體

1. 技藝團體（skill group）：有些員工可能因為有相同的技藝而形成團體，例如：吧檯服務員（bartender）。個人平常可能沒有工作在一起，但是當他們感覺團體地位比個人努力更強

時，可能聯合為一體。

2. 特殊興趣團體（special interest group）：團體也可能在工作場所中形成，因為個人有相同的興趣，這種團體的形成沒有任何的限制，如以部門班別、技藝、服務區域等，這種團體的形成可能是基於共同分享的因素。這種團體的相互作用有兩個或更多因素，例如因為相同的年紀、訓練、薪水、語言等因素。

◆重視非正式團體

與某些主管的看法相反，對非正式團體是不能根據定義來確定其優劣的。只要員工聚在一起並經常接觸，就會產生非正式團體。非正式團體可能會幫助，也可能會阻礙飯店目標的實現。根據具體情況，它們可能支持也可能反對管理部門的行動。員工既可以是正式團體的成員，同時也可以是非正式團體的成員。一個很大的正式工作團體中的若干名成員，在同一個工作部門內組織一個非正式團體的情況，也是很常見的。一般而言，非正式的工作團體可以發揮下列作用：

1. 增強其成員的文化價值觀念和社會價值觀念。
2. 為其成員的地位、歸屬和受人尊敬的需求進行呼籲，而這些需求在正式團體中可能得不到滿足。
3. 為其成員提供一個溝通的場所。
4. 對工作環境施加影響，這對企業可能有益，也可能有害。

非正式團體也可能引起某些不好的作用。例如：

1. 隨其成員的社會價值觀念和文化價值觀念的增強，他們更可能反對變革。
2. 隨其成員之間感情的鞏固並經常配合行動，就有可能與其他

人發生衝突。

非正式團體經常以一種非正式的「小道傳播」方式進行溝通。採用這種溝通方式既容易傳遞有益的訊息，也很容易散布破壞性的謠言，若不加以控制，則會給主管造成許許多多的問題。最後，由於非正式團體的成員追尋的是互相一致，他們在解決工作中的問題時，顯然缺乏主動性和創造性。

二、團體的成長與溝通

(一)團體的成長

團體自身的成長要經歷幾個階段。團體最初形成時，成員之間可能互相不太信任，這就需要有一個接受的過程。在這個過程中，懷疑逐漸變成互相信任和互相尊重。到了第二個階段，團體成員之間開始進行坦率的交談。在溝通過程中會產生一個能作出有效的團體決定的組織。當團體成員開始介入團體活動並把競爭轉為合作時，也就開始有了滿足感並感到自己有責任去確保團體的成功。最後，隨著共同目標的實現，團體成員會盡力使自己的團體獲得最大的成功，團體成員也就開始自覺地、真誠地進行互相幫助。

團體的成長每經過一個階段，團體自身就前進一步。幾個階段過去以後，團體本身就變得相當強大。假如問題發生在團體形成的早期階段，可能尚無解決問題的力量。然而當成熟的團體面對同樣的問題時，往往就能提出新的、有效的解決方法。

一個團體是否實現了它的共同目標以及實現的程度如何，其判斷條件包括團體對目標的接受度、和諧的工作氣氛、讓員工參與討論和決策等。這看來是合理的，因為在一個複雜的勞動密集型的飯

店裡，人們並不單獨工作，而是群體成員一起勞動。主管必須運用各種技巧，不僅要把員工看作是有著個人利益的獨立個體，也要把他們看作是正式的和非正式的團體之一員。

可以回想一下你剛進飯店的那段時間。當你被錄用後，你自然就成為某個正式團體的一員，或許是具體的一個部門、一個工作區或一個班次中的一份子。經過單位介紹後，你可能很快地就感到自己是這個團體的一員，你也可能經歷過一個令你尷尬不已的過渡階段，在這期間你感到自己是處在這個團體之外。在你對正式團體的歸屬感逐漸增強的同時，實際上對非正式團體的歸屬感也在增強。正如前面提及的，員工希望能找到與他有共同愛好的人。因此，在你剛到工作崗位時，你很可能對工作環境和周圍的人進行觀察。同樣地，你的新同事也想瞭解你。一開始你對別人和團體可能持中立的態度，但在你碰到具體事情後，態度會發生變化，可能往好的方向變，也可能往壞的方面變。你喜歡那些對你友好的人，也開始討厭那些說話做事不合你心意的人，一段時間以後，你開始瞭解關於哪些是允許的、哪些是不允許的種種正式的和非正式的規定。例如，當你瞭解了正式的規章和制度，你也會對那些感到能夠適應的規章制度產生更深的感情。實際上，你是在改變你的態度和行為以適應新的工作環境。

最後，當你開始接受或拒絕某些人的信念和態度時，你也受到這些個人和團體的影響。實際上，假如你現在已被視為團體的一員，你可能除了關心自己對某件事的看法之外，也會關心你所在的團體對這件事的看法。

員工個人往往會根據自己的利益來決定對團體的態度。然而我們也知道某些員工更關心非正式團體的利益，而不大願意過問正式團體的利益。

(二)團體的溝通

◆找出非正式團體

主管必須懂得如何找出非正式的員工團體。一種方法是對社會成員的心理進行研究和測定（進行人與人之間關係的研究），利用這種方法可以蒐集到一些有用的資料。根據這些資料，主管可以確定團體成員之間的非正式關係。也可以採用一些簡單的方法，例如，主管可以透過與工作團體成員談話來蒐集訊息，並可以對各種各樣的員工進行觀察，看他們之間是如何相處的？他們是否友好？休息時是否在一起？是否喜歡一起談話？談的是否是下班後一起活動？一段時間以後，主管可以根據這些非正式觀察到的現象和資料來分析飯店內哪些員工是非正式團體的成員。

◆評估和控制團體的作用

在某些情況下，主管可以對影響正式或非正式團體作用的因素進行適當的控制。例如，我們可以考慮一個正式工作團體中的員工人數以多少為適宜。一般說來，員工人數有一個最理想的定額，多於或少於這個定額對團體都有不利的影響。儘管員工的人數多少是根據工作需要而配合的，然而餐旅業中，如果員工調度不當，員工太少，要想產量很高是不可能的，而員工人數太多，想降低生產率也是不可能的。如果能很妥善地採用人力配合標準，便可幫助主管確定在其指揮的團體中最合理的員工人數。另外，還要對其成員留在團體中的願望進行分析。願望愈強烈，團體就愈能實現它的目標。一般說來，我們只要看正式團體中非正式團體凝聚力的大小，就可以確定這個正式團體成員之間的關係是否緊密。例如，主管認為非正式團體的成員是支持企業目標的，他就應設法使非正式團體更加緊密。這可以提高非正式團體成員的地位，或確保非正式團體

的繼續存在和發展不會遇到障礙。

　　從另一方面看，如果發現一個非正式團體為企業的目標實現帶來了危害，主管便應設法削弱其成員之間的關係。例如，主管可以限制他們的地位，或製造行政方面的障礙來阻止團體的凝聚等等。然而，主管必須意識到，這些做法一旦失敗，就有可能會引起很大的衝突。團體成員對企業和工作的態度會影響工作的量與質。當團體的成員把他們的態度轉為對企業目標不利的消極行為時，顯然地，目標的實現就會受到影響。相反地，如果團體成員的態度能轉化為對企業的目標有利的行為，這些目標就更加容易實現。既然團體成員的態度會影響團體的行為，主管必須想辦法改變他們的態度，重新對團體進行指導，或設法消除造成這種態度的因素，以取得管理成效。

　　群體成員自己也會對團體的作用產生影響。例如，為了提高勞動生產率，主管通常需要尋求正式群體領袖的支持，也需要尋求非正式群體領袖的支持。假如主管能夠向他們提出很好的請求，他們會提供協助和支持，使這些團體的行為轉到正確的軌道上。

◆與團體領袖打交道

　　正式工作團體的領袖可能是聘用的，也可能是任命的。然而，非正式團體的領袖一般是在團體成員的相處過程中自然產生的。與非正式團體領袖的產生有關的因素包括自身條件（如地位、薪金、文化水平）以及個人對團體提供的好處（如建議、指導、信心和保證等）。

　　正式團體和非正式團體的領袖主要可以提供兩種服務：指導團體為實現其目標而努力，同時幫助團體實現其他需求。一名成功的主管懂得如何去接近他們，並請他們對已經確定的活動發表意見。許多時候，飯店業的主管往往認為自己不應介入非正式團體的活動。當然，只要非正式團體的目標與企業的目標是一致的，且能夠順利地實現團體和企業的目標。作為明智的主管，應該與非正式團

體的領袖協調一致，鼓勵這些團體為企業的利益出力。

 # 第二節　建立有效團隊的策略

一、團隊的意義

　　一個有效的團隊，由一群相互獨立卻擁有共同目標的人所組成，同時也認為共同努力是達成目標的最佳方式。有效的團隊也會帶來愉快的經驗，使成員期盼團隊聚會時間到來，同時感受到團隊的進步與成就。在餐旅業裡即使個人能力再強，如果沒有員工及其他同事的配合，仍然無法把事情做好。個人力求表現雖無可厚非，但若無團隊合作各盡所能，則無法快速達成工作，深入探討問題及彼此交換意見。

　　團隊經由合作和減少競爭可以改進生產力，團隊看到他們共同的目標和需要互相幫助才能達到目標。在今日餐旅業複雜多變的競爭環境下，唯有經過團隊合作的管理策略，才能提高競爭的優勢。經由集思廣益，可以強化創新與創造力的能力，透過團隊能以較少的人力達成較高的績效，其主要效益如下：

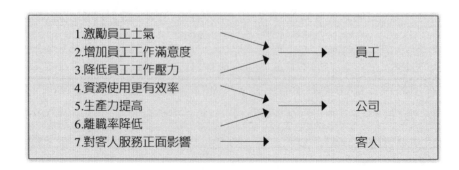

1.激勵員工士氣
2.增加員工工作滿意度
3.降低員工工作壓力　　　　　　　員工
4.資源使用更有效率
5.生產力提高　　　　　　　　　　公司
6.離職率降低
7.對客人服務正面影響　　　　　　客人

二、策略

(一)管理存在公司中的小團體

任何一個團體組織，必然會有正式、非正式的次級團體或組織存在。企業組織，其成員來自各方、各路、各地，派系存在更是難免。縱使是以血緣為核心、為主幹、為基礎的家族企業，仍然是有派系之分的。公司對於派系的存在，不是必須將其剷除，就是否認派系已滲入公司，這種反應無濟於事，反而徒增處理的困難與複雜性。如何將派系化為公司助力為管理者的重大責任。

(二)建立團隊目標

要讓部門或公司發展，首先就要使每一個員工有同一工作目標。尤其是一些工作性質需要互相依賴的工作，而共同的工作目標就更不可缺少。員工彼此有共同目標，默契便容易產生。他們之間會互相調節、互相支援、互相訓練，主管便可以節省很多管理員工的時間，用來研究公司的發展問題。

(三)參與式的管理

主管不能自己一個人去從事改善工作，建立團體，應該領導全體員工一起去做，才是主管的主要任務。儘量與員工一同擬定工作方針、目標，鼓勵員工發表意見，增加參與的程度，使員工增加內心的滿足，對工作更感興趣，才能提高員工士氣，增進團體間的合作，建立一個有效的團隊。

(四)員工發展與輔導

加強員工的教育訓練，一方面可提升員工的才能，改進企業的生產力，一方面可以增進員工對企業的向心力，促進勞資和諧，改善員工的工作倫理。除了加強員工的教育訓練之外，亦應做好對員工的輔導工作，協助員工處理工作與生活上的困難，對減少員工流動、縮短員工對公司的疏離感和改進工作倫理非常有幫助。

(五)激勵的領導

主管最重要的職責，就是督導成員以公司的福祉為依歸，協助成員認識公司的任務以及主要目標，幫助他們將眼光放遠、放寬，瞭解公司是如何經營的，並且明白自己在公司的重要性，主管只要肯花時間，付出愛心和關懷一定會有所回報。

【練習一】自我改進

1. 選出在別的單位中一向和你無法有效合作之領導者。

例如：某部門的一位領班。

2. 你們為什麼不能有效的合作？

例如：

(1) 我該知道的事，他都太遲才讓我知道。

(2) 這個人時常在開會中指責我的工作效率。

3. 如何增進雙方更有效的合作關係？

例如：

(1) 好好跟他談一談有關的問題。

(2) 時常跟他接近，保持有效合作的關係。

4. 描述你如何知道雙方的合作已經更有效率了。

例如：我要求的事，他會準時達成交給我。

【練習二】自我評估

你對下列各項技巧的程度為何？

	低				高
1. 集合屬下的員工發揮團隊精神	1	2	3	4	5
2. 對屬下員工的衝突能圓滿解決	1	2	3	4	5
3. 讓屬下員工覺得自己是這團體中的一份子	1	2	3	4	5
4. 在你的工作單位中建立力量並使用其資源	1	2	3	4	5
5. 跟別單位共同工作時，讓雙方都感覺自己是贏家	1	2	3	4	5

第九章

時間管理

- 錯誤的時間觀念
- 不當的時間管理
- 做好時間管理

對餐旅業而言，時效是客人期望的重要服務部分。身為督導，其工作是幫助員工向客人提供該服務。但是，除非督導人員本身學會有效地管理時間，否則是幫不了員工的。良好的時間管理對工作和個人生活同樣重要。透過本章將學會如何減少工作的干擾，更快地發現問題和解決問題，按時完成任務，提高自己和屬下的效率，以及如何給自己騰出更多的時間安排生活。時間管理應在日常實務中著手，並有目標地應用可靠的工作技巧，有效地管理自己與適當地安排生活，並合理有效地利用可以支配的時間，活出自己，掌控自己的生命。

「時間就是金錢！」

「一寸光陰一寸金，寸金難買寸光陰！」

「生命原是時間的累積，浪費時間即等於慢性自殺！」

「不懂得支配時間的人，永遠感到時間不夠！」

許多管理者對以上之警句都耳熟能詳，但他們對時間的掌握與運用卻常常感到力不從心，很可能是因為不瞭解時間的獨特性以及對時間所保持的態度有關。時間是一種很獨特的資源，時間資源至少具有以下四種獨特性：

1. 供給毫無彈性：時間的供給是固定不變的。即是說它的供給量在任何情況下都不可能增加，也不可能減少。因此，我們無法針對時間進行「開源」。

2. 無法蓄積：時間不能像人力、物力、財力與技術那樣地被囤積儲藏。不論我們願意不願意，都被迫按照一定的進度消耗定量的時間。因此，我們無法針對時間進行「節流」。

3. 無法取代：時間是任何活動所必須借助的基本資源。因此，我們永遠無法找到時間的替代品。

4.無法失而復得：時間一旦喪失，將永遠喪失。儘管人們會以
　爭分奪秒的方式，試圖用超進度的節奏挽回已經消失的時
　間，但其結果仍將無濟於事！

 # 第一節　錯誤的時間觀念

一、視時間為主宰

　　視時間為主宰的人，將一切責任交託在時間手中。對這種人來
說，時間支配一切，這種人深信「一切只是時間的問題」、「歲月
不饒人」、「時間是最好的試金石」這一類的說法。換句話說，在
他們的心目中，時間猶如駕駛，而他們則是乘客。視時間為主宰的
人，其主要的行為特徵，便是重形式而不重實質。以下是一些具體的
實例：

1.有一些人每天總是在同一個時段起床，儘管他們需要更多的
　休息。
2.有一些人每天總是在同一個時段進食，儘管他們在那時候不
　感到飢餓。
3.有一些人總是跟隨固定的時間辦事，而不願因事變動。例如
　他們將會議時間硬性規定為一小時而不理會議案之多少。又
　如他們為了趕5：45分的火車而急著下班，但這班車擁擠不
　堪，而次一班6：05分的火車則不愁沒有座位。
4.有些人總是以時間作為行為準則而疏忽其他一切。例如長途
　電話的通話時間一超過三分鐘，即會使他們感到極度不安，

但其實增加通話時間可以節省幾天的旅程奔波或是可以代替漫長的會議。

視時間為主宰的人雖重形式而不重實質，但這並不意味著他們一定喜歡形式。他們有時也會違背形式要求，但並不敢公然違背，而只是以自欺欺人的方式逃避。例如我們常聽某些人說：「偷得浮生半日閒。」其言下之意為：他們不應該在忙碌的工作中偷閒；他們想偷閒，而且無論如何都要偷閒；他們極希望能避免罪惡感或良心的責備。

視時間為主宰的人並不面臨選擇的「困擾」，他們生活得頗為愜意，他們最大的缺點在於無條件向時間屈服，致使他們不能善用時間，更無從發覺機會。

二、視時間為敵人

視時間為敵人的人經常將時間視為打擊的對象。這種人的行為特徵如下：

1.自我設定難以達成的時限，以便「打破紀錄」或「刷新紀錄」。例如開車上班時，喜歡尋找捷徑，以便創造紀錄。對他們來說，節省下來的時間好像是能儲蓄下來似的。

2.在任何約定時間的場合，因早到而感到勝利，因遲到而感到沮喪，這種勝利與沮喪的感覺，是針對時間的早晚而產生的，視時間為敵人者這種觀念表現於管理者的一種作風，便是重「效率」而不重「效能」。其長處是：經常洋溢著競爭精神以求突破障礙。但是，與時間為敵人的人終究要敗在時間手裡。

此外，當一個人心裡經常處在競爭的狀態時，他將難以充分領會經驗、成就和喜悅。同時他也將難以安於現在的生活，因為他的心思經常擺在未來的下一場戰鬥上面。

三、視時間為神祕物

視時間為神祕物的人認為時間莫測高深。他們對待時間的態度，與對待身體的態度略為相似。除非等到身體出毛病，否則不會意識到健康的重要。同理，除非等到時間受限制，否則不會意識到時間的重要性。

視時間為神祕物的人因忽視時間所加諸的限制，所以能專心致力於手頭上之工作。但是，時間對絕大多數人（特別是管理者）來說都是稀少的。除非他們真正瞭解到時間稀少性，否則將無法適當的運用時間。

四、視時間為奴隸

視時間為奴隸的人最關切的便是如何操縱時間。這種觀念表現於管理者的作風，即是長時間沉迷於工作。長時間工作具有三種潛在的後遺症：(1)導致工作效率之降低；(2)無視於授權之重要性而凡事皆親力親為；(3)養成拖延的惡習。

上列三種後遺症之中，以第三種最為嚴重。當一個人對時間的操縱已到予取予求的地步，則會經常保持「上班時間做不完的工作，下班後仍可以做，甚至週末或假期亦可用於完成工作」之態度。遂使一天能完成的工作拖到兩天才完成，一個月能完成的工作拖到兩個月才完成。

由以上分析可知，視時間為主宰、敵人、神祕物、奴隸的人，

均不利於時間的有效運用。時間是與生俱來的，它像空氣一樣支持我們的生存，又像手或手指頭一樣的供給我們多種不同的用途。因此，我們只要不對時間有任何的成見，或對它作任何價值判斷，視其為中性資源，便能對它作出最有力的運用。

 ## 第二節　不當的時間管理

一、浪費時間的因素

時間的浪費是難以察覺的，例如顧客的抱怨、處理一些瑣碎的雜事、與員工溝通，這些都占了你寶貴的時間，經常浪費時間的因素有下列幾項：

(一)忘記事情

忘記該辦理的事情，而事後彌補結果往往是事倍功半。避免浪費時間最好的辦法是，將我們想要做的事，每天用行事曆記錄下來。何時有會議要開、何時要與屬下面談、何時要與廠商洽談等。不要使用小紙條，也不要太相信自己的腦子，如果行事曆使用得宜，將可以節省許多寶貴的時間。

(二)尋找東西

我們時常將許多時間花在尋找東西上，如果能將東西放在定位、分類放好，不要等到需要時才遍尋不著，如此便可省下許多尋找的時間。平時有條理做好歸檔的動作，減少找東西的時間，可提

升工作效率，對於時間管理上也能有所幫助。

(三)後悔過去

很多人浪費許多的時間在後悔過去，也有很多人浪費許多的時間在害怕未來。過去已經過去了！永遠追不回來。只有把握現在，才能掌握未來。投資時間才能節省時間，每天多花點時間提升自己的專業知識，或是磨練技藝，使自己更完美，努力成為專精此道的專家。

(四)未把握現在

時間管理的最大瓶頸即「拖延」。對於自己分內應該做的事或答應他人之事，故意的習慣性延期。當被指派接下某項工作就該馬上動手，不要任由時間飛逝。把這件工作註明在行事曆上，著手蒐集所需資料，並將其標明歸檔。

(五)未設目標

假如人生中該做的事都沒做，將導致何種結果？由此即可明瞭這是多麼重要的課題。設立目標，明確掌握整體的方向後，再逐項自小處著手。該如何規劃時間的運用？有任何的人力資源可運用嗎？需要哪些資料來源？思考和計畫，可以讓你很快進入情況，長期來說，還可以節省時間。首先就必須從現在到未來四十八小時推進——設立目標。

二、工作上最耗時間的事務

時間陷阱大致上可以區分為外生陷阱與內生陷阱兩類。所謂外生陷阱，即指由他人所引起的時間浪費因素；至於內生陷阱，則指

由自己所引起的時間浪費因素。在初次自我檢討時間陷阱時，一般管理者所列舉的多半是屬外生陷阱。這種「先求諸人，後求諸己」的態度雖然是人之常情，但這種態度卻有害於時間管理效能的增進。

由於許多時間陷阱都屬內生陷阱，而且大多數的外生陷阱若非由內生陷阱所引起，是可藉個人的管理技巧予以改進，因此在時間的有效運用上，我們的敵人原來是自己！也因此，時間管理即是自我管理。

(一)電話

電話是最常被使用，但也最常被濫用的溝通工具，因此在職業生活中，是最頻繁的干擾源。由工作理論與時間經濟學的觀點來看，電話有點像不請自來的訪客，當很多人不敢直接了當地沒有預約而侵入你的辦公室時，利用電話卻可以在任何時間做到，因為有了空間距離，又能直接對話。一旦建立了這種聯繫，即產生沒有必要、耗費時間的談話。

電話應該是有效的資訊與聯絡工具，使用這類有理化的工具，有不同節省時間的優點。另一方面卻也是日常工作中非常頻繁的干擾源。電話是節省時間最有效的工具，但也是最常見的時間吞噬者。電話在你是節省時間或浪費時間，端看你如何合理地運用與如何擺脫濫用的行為模式。下列提供使用電話的改善方法：

1. 主動先打電話比被動接聽電話容易縮短通話時間。
2. 通話中儘量不要有沉默的時間。
3. 讓別人先過濾找你的電話。
4. 事先跟對方講好，你能跟他通話多久。
5. 在打電話前，先記下要通話的要點。

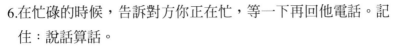

6.在忙碌的時候，告訴對方你正在忙，等一下再回他電話。記
　住：說話算話。

7.儘量在一次通話中完成所有的事。

8.與必須時常通話的人，固定一個雙方都方便的時間。

9.在預定時間內將所有的電話打完。

(二)開會

　　會議本來是溝通意見、解決問題與制定決策的一種有力手段。
但是卻經常被濫加使用，以致成為一種浪費時間的疾病。稱它為一
種疾病，並不算誇張。下列為避免開會浪費時間的改善方法：

1.全部或局部取消例會。將例會中有待討論之議案，累積到相
　當數量時再召開會議。

2.如有可能，所有的會議都要獲得上級批准才能召開。這一策
　略的主要用意，在於各階層主管於開會之前三思有無開會之
　必要，以杜絕他們濫用開會手段。

3.開會之前必須先確立清晰的目標。

4.儘量減少參與會議人數。一般性會議之參與人數以不超過七
　人較為理想。

5.選擇適當的開會時間，使所有參與會議者都能出席。

6.選擇適當的開會場地。

7.議程及有關資料應先發給參與會議者，令他們能事先作必要
　的準備。議案必須按照重要程度依序編排，愈重要之議案，
　應擺在愈前面。

8.按每一參與會議者每分鐘之薪金及每分鐘所享有之福利額，
　估計會議成本。

9.應事先訂定會議之起訖時間。

10. 會議應準時開始。

11. 在會議進行中可指定專人控制時間。

12. 不要令參與會議者太過舒服——除非會議時間過久，否則應儘量避免提供茶水或點心。當議程很短而且無需作紀錄時，可考慮採取站立的方式開會。

13. 應按議程所編列之優先順序進行討論。

14. 除非重要且緊迫的事件發生，否則應避免會議受到干擾。

15. 視實際需要可讓部分參與會議者參加會議之一部分，亦即令參與會議者只參加與他們有關的議案之討論。

16. 在結束會議之前，主席應概括複述所達成的結論，或複述經過參與會議者所同意的各項工作分配及完成各項工作之時限。

17. 會議應準時結束，好讓參與會議者安排自己的時間與工作。

18. 偶爾讓參與會議者對剛剛結束之會議作即席而不具名的考核。

19. 會議紀錄應儘快完成。精簡完備之會議紀錄應在開完會後二十四小之內，或至遲在四十八小時之內派給有關人士。

20. 爲杜絕參與會議者之無故缺席、遲到或早退，可考慮在會議紀錄上註明哪些人無故缺席、遲到或早退。

21. 追蹤會議中之決議與待辦事項。

22. 解散已達目的之各種委員會或工作小組。

(三)不速之客

盡可能依照事先的約會，接見外部的客人。要事先規定每週所接見客人的人數或一天所接見的客人數目。控制和客戶見面時間的長短和次數的方法如下：

1.先由秘書判斷客人來訪的性質，可能的話，請別人代爲接見。

2.轉告外界只在一定的時間內會客。

3.除非眞正重要的事情，否則就站著接見客人，並邊說邊走向門口。

4.只討論工作上的事情，不作無意義的閒聊。

5.若認爲已經談了太多時間，可以表示中斷談話的暗示，譬如邊整理東西邊站起來。

6.在一定時間連續接見客人。

7.向對方解釋，你正要去解決一些事情。

8.向對方致謝，謝謝他的評論。

9.如果客人有疑問，在可能的情況下，請其他的人來答覆客人。

10.向客人說，你很喜歡跟他聊聊，但是工作很緊湊。

(四)不需要的書面工作

閱讀資料的洪流，每天以信件、報紙、專業報告、通告、內部文件、檔案摘要等等的形式向我們湧來，愈來愈無法忽視。改善方法如下：

1.把日常工作固定一個時間表。

2.瀏覽及閱讀文章時要考慮——此刻與未來你想得到哪些資訊。

3.看標題與次標題，瀏覽目錄、摺頁介紹文及摘要；讀序文、前言及導言，因爲這些都指向正文。

4.決定要仔細閱讀的部分。在瀏覽章節時，注意引言、結論以及關鍵字。

5.跳過作者的注釋、小體印刷、論證、統計、索引及不同的離

題申論。

6.多遵循思想內涵與文章的思路，而不要太拘泥於文字。找出在單章與整體中的一些見解。

7.探索作者使用的思維指引，如容易分辨的標題、底線、縮排的句子與表格化的說明。

8.字體指示標明文章的特別指引、補強或強調。

9.資訊內容明顯很少的章節只需瀏覽，重要的段落則放慢閱讀速度。

(五)不良工具

有很多工具我們已經用得很習慣，但不見得充分發揮它的效果，例如善用電話將會非常的有效率，有很多人光靠桌上的電話，可以辦理很多事情，不用往來出外洽談。有的同事永遠習慣於外出洽商，辦理事情的效率就很有限。這種節省時間的工具，在現代社會絕對愈來愈多，很值得我們使用。此外，如果你有聽廣播的習慣，會發現許多廣播電台通常有專題講座的節目，這些節目的品質通常不會太差，因此你可以培養這項收聽習慣，時間到了把它一按，不見得要馬上聽，在先前把它錄下來就行了。

(六)臨時狀況

1.排出一個小時不受干擾的時間，使自己能有安靜處理事情的環境。

2.問明主管可否將突發的事情延後處理（如果你正在處理一件工作中）。

3.問明對方正確需要的時限。

4.不要隨時應付臨時狀況。

5.委任給部屬。

6.跟主管協商，制定準則。

7.準時達成任務或交出報告，避免別人來催促。

 ## 第三節　做好時間管理

　　成功的管理者有不同的特徵與特質。有一種特質對他們來說卻是共同的：他們能有效地利用時間，並能真正領導管理的工作，並且有較多的休閒時間。在許多場合，我們經常說「如何控制時間」、「如何支配時間」以及「如何掌握時間」等話語。但稍加思考，我們會發現這些話語含有相當嚴重的語病。不管怎樣，時間總是按照一定的速度來臨，又按照一定的進度消失。時間本身本來就無從「控制」、無從「支配」、無從「掌握」與無從「管理」！因此「時間管理」並不是指以時間為對象而進行的管理，而是指面對時間的來臨與消失的這種無從改變與莫可奈何的事實，我們如何遂行自我管理。換句話說，時間管理就是自我管理。

　　所謂自我管理，即改變習慣令自己更富績效。我們的習慣通常都不利於績效的發揮，因此為了提升個人績效，我們勢必要改變現有的一些習慣。「時間」既不能增加又不能儲存，而個人的成就只能靠著持續而執著地利用時間才能達成。節省時間是指：「有效地規劃並有效地利用時間」。茲將時間管理的原則分述如下：

1.把握時間工作，它是成功的代價。

2.把握時間思考，它是力量的泉源。

3.把握時間玩樂，它是年輕的祕訣。

4.把握時間讀書，它是智慧的基石。

5.把握時間交友，它是幸福的大門。

6.把握時間夢想，它是摘星的路徑。

7.把握時間去愛，它是生命的真受。

8.把握時間歡笑，它是靈魂的樂章。

一、選擇正確目標

　　一個成功的管理者一定有明確的人生目標。執意追求明確的個人與事業上的目標，完全發揮生命的意義。考慮周詳的生涯規劃為後盾，唯有如此，在今天的任務及行動與明天的成就及滿足感之間，才可以建立起直接關係。只有那些定義過他自己目標的人，才能在忙碌的日常生活與繁重的工作壓力下持總體觀，並設立正確的優先順序，知道如何有效地運用能力，迅速又有效地達成願望。這些在職業、家庭及休閒生活中都是一樣。有清晰的目標，並追求它，也就能將潛能在實際行動上發揮出來，自我鼓勵與自我規律。目標有助於將力量匯聚在真正的重點上。問題不在於做什麼事，而在於為什麼做那些事情。設定目標是時間管理成功的先決條件與祕訣。

二、專心的投入

　　主管要做的事情很多，但常缺少足夠的時間。這可能會對主管造成巨大的壓力。假如沒有時間去做所有的事情，那麼如何決定什麼任務是重要的應該先做呢？一些主管為了完成所負予的工作就拚命加班工作。而另外一些人則退出去做一些容易的工作，他們覺得作為一個主管用不著去自討苦吃。還有一些人試圖避開問題的總體，拘泥於一些細節，只關注「工作到了哪一步？」他們對別人吹毛求疵，對自己不能完成全部任務則總是找一些藉口。較好的解決

辦法是把手頭所有的工作清理一下。

所有事情都可以用緊急和重要性來區分，分爲「重要又緊急」、「重要但不緊急」、「緊急但不重要」和「不重要也不緊急」四種，對時間有限的經理人來說，通常專家會建議你用60%的時間按部就班有計畫、長期去做一些有遠見、自己喜歡「重要但不緊急」的工作，剩下40%的時間平均去做其他的事或是處理突發狀況。爲了讓心理上作好採取行動的準備，應該以持續不斷地計畫作爲基本原則，直到完成爲止。接著記下你要專心一意達成的目標，在目標尚未達成之前，心絕不能飛到別處。若是能專心一意去達成目標，有始有終，日積月累，終必成功。

三、事前計畫，事半功倍

人在工作時，若眼前茫茫然，想到什麼就做什麼，是絕對不會獲得好結果的。做事時先思考如何實現工作，應該知道自己眞正想做的事情，擬定明確的計畫，按部就班一項一項達成目標，願望就可以逐步實現。周密的計畫和細心的思考，可以使每天的生活充實而豐富。養成照計畫行事的習慣，從容安排每一件事情，儘量排除緊張和興奮的情緒，則必定精神煥發、體力充沛。訂定書面計畫，在工作上有自我激勵的心理作用。朝向目標，處理日常事務，而且堅持遵循日程表行事。藉此，減少分心而執著，比無計畫的人更快地完成手邊的工作。透過每日計畫，可以更準確預估時間需要與可能的干擾時間，爲預期外的事，訂出合理的緩衝時間，如此，將可達到更高的成就。

另一種的有效利用時間的方法是，在前一天下班後或這一天上班前仔細考慮一下這一天究竟要做些什麼，哪些事情應優先考慮。我們可以提這樣一個問題：「假如今天不能完成這些特定的任務，

我的工作或者我同事的工作會不會受影響？從大的方面來說，我的家庭會不會受影響？」如果你能給予肯定的回答，那麼表明你的這些任務比其他任務更重要，必須先做。前面已經說過，主管可以透過恰當的授權來節約時間。

四、今日事今日畢

工作太多，時間不夠怎麼辦？一般人錯誤的處理方法就是做快些！做久些！做快些的結果是工作忙中有錯，欲速則不達，品質降低，影響情緒。做久些則個人精神疲乏、反應遲鈍、判斷力減低、減少私人生活。做快些及做久些的方法，永遠沒有長期計畫，只有短期目標。正確的規劃時間，千萬不要等明天，明日復明日，明日何其多。今日事今日畢，首先按照事情先後的次序及輕重緩急，列出今日應做的事，千萬不要等到雜事都做完。凡事有捨才有得，應衡量取捨之間。JUST DO IT！也就是必須做的事，馬上去做，不要延遲，而且光是嘴巴說說無用，要真正動手去做，心靈才會跟著啟動，也唯有開始做，工作才會完成。專家說：「準確的運用時間可以節省10%～20%的生命。」因此做事情不要拖延，應尊重自己的時間、自己的生命。

【練習一】王曉芬的困難

　　王曉芬是一位南台國際觀光飯店房務領班，當她在上班途中正回想著最近的工作進行情形相當良好，莫名奇妙的突然覺得將有大禍臨頭的預感，沒多久她發覺果然如此。一上班，主任馬上就通知她，今天她所負責的樓層有四位客房服務員，必須在中午十二點以前把一層安排給予特別貴賓的樓層布置起來，另外，還有一間接待套房的清潔及布置，現在是早上八點鐘整，王曉芬坐下來開始著手安排需要做的事，擬定完成工作的時間表，糟糕的是她的四個客房服務員必須在八點半才能開始工作，同時她自己另外有要緊的事處理，無法協助完成工作。

　　她知道清理一間房間需要30分鐘（10分鐘做床，10分鐘清潔浴室，5分鐘吸地毯及擦塵，5分鐘補充毛巾、備品及加冰水等），還有走廊地毯的吸塵30分鐘及1小時的套房清潔及布置，除了這些正常的準備工作外，這一層共有十六個房間，每一間還需要加上一張小桌子，上面布置一些特別的裝飾，以及擺放水果，王曉芬估計每一個房間需要多10分鐘的工作時間。還有，她必須花費30分鐘來取出小桌子並且擦乾淨，40分鐘來分派水果到各房間，同時洗衣部通知她在十點半以前無法供應床單，而那些特別的裝飾也要到十一點鐘，才能拿到。

　　王曉芬簡短的跟四位客房服務員說明了情況，同時也告訴她們這是一件不容易的任務，但是只要發揮團隊，必能及時完成，她們要做得盡可能地快，同時也要做得好，四位客房服務員仍然要保留有10分鐘的休息時間，最後她分配工作進行的時間，在八點半整工作開始進行。基於上述的情況，請你列出最好的工作分配及進行時間表來達成工作。

【練習二】

請你依時間管理的原理，來處理下列狀況？

1. 你是一家國際觀光飯店的高階主管，要管理很多員工，處理很多事情，應如何自我管理？
2. 因經濟關係，你同時負責好幾件低階基層工作做，如何往上升遷？
3. 你和太太都在飯店工作，但因工作排班關係，彼此在家裡相處時間很少，要如何溝通？
4. 你在餐廳工作，工作、家庭兩方面忙碌，經常失眠、上班遲到，要怎麼辦？
5. 面對資訊爆炸的時代，如何充實自己，提升自己？
6. 你的女（男）朋友，約會時經常遲到一小時，如何處理？
7. 你是家庭主婦，整天忙忙忙、煩煩煩，如何提高做家事的效率？
8. 夫妻之間、與小孩之間沒時間溝通，應如何解決？

第十章

餐旅業顧客服務

- 餐旅業的特性
- 餐旅業顧客滿意度
- 餐旅業如何提供顧客滿意的服務

　　旅館是一種綜合藝術的企業，一個包羅萬象的天地，變化無窮的小世界，城市中之城市，它也是旅行者家外之家、渡假者的世外桃源、商旅談判的戰場、國家的文化展覽櫥窗、國民外交的聯誼所，以及地方社會的休閒交際活動中心。旅館不論其規模大小，它們的共同目標都是一致的，即為大眾提供衣、食、住、行、商、樂以及附帶發生的各種服務。換言之，旅館是以提供餐飲住宿及其他相關之服務為目的，而得到合理利潤的一種公共設施，其最終目的為讓外來旅客感受到賓至如歸的感覺，更簡單地來說，「旅館業是出售服務的企業」。顧客的需求無時無刻都在變化，要掌握顧客的需求已愈來愈困難。而在競爭日形激烈的大環境下，產品本身之間的差異逐漸縮小，價格亦非取決於顧客購買的唯一因素，服務的良窳，將是決定顧客是否再次上門的關鍵因素。

 # 第一節　餐旅業的特性

　　餐旅業的服務不同於一般產業的原因，在於服務本身具有相當突出的特性，而其中最大之特點是——「看不見、留不住、帶不走和變化多」，產品不容易看見，即使看得見也無法真正感受到。服務過程留不住，產品消費後也無法帶走。餐旅業的特性是一種服務業，其品質顯然與產品品質不同，而服務業品質的管理也應不同於製造業的品質管理。餐旅業具有以下幾個特性：

一、無形性（intangibility）

　　餐旅業在經營上由於所提供的「產品」是服務，絕大部分屬於無形的產品，通常是一無形的活動或流程，換言之，顧客在購買產

品之前，產品觸摸不到、看不見、聽不到、無法品嚐、感覺不到，亦嗅不出來，這是服務產品與實體產品最大的差異點。因此，服務品質管理十分複雜困難，因為服務的品質是眼睛看不見的，所以很難與一般的貨品一樣判別為良品或不良品，加上人又有主觀上的差距，如何認定好壞十分困難。由於服務品質的衡量並無具體實在的尺度，顧客對產品的滿意程度主要是來自於感受，與客人的經歷、受教育程度、價值觀等等，因而帶有較大的個人主觀性。

　　服務的提供可以採取某些措施，來提高顧客的信心。第一，設法促成服務的「有形性」。因此利用掛圖等方法，讓顧客可以看得見。第二，強調服務產生的利益，而不僅是介紹服務的性質。

二、不可分割性（inseparability）

　　餐旅業產品的生產及所提供的服務，是根據顧客的即時需要而定時進行的，即生產與服務的同時性；服務的生產與消費，是同時進行的，各種服務與客人的消費是同步的，通常是邊服務邊消費，等服務結束時消費也同時結束。提供服務的人或設備必須和消費者在一起，其產品是不能加以庫存的，為不可分割性（帶不走；生產與服務同時），由於服務往往是先出售再消費，而且往往是生產和消費同時進行，短時間無法大量生產，產能因此受到限制。

　　通常是顧客經由參與活動或體驗所得到的一種心理上的感受而非實體產品，在購買之前無法事先感覺其是否安全或令人喜悅。一項服務常與其他提供服務的來源無法分割，不論來源為一位提供人，或是一項機器設備。但是一項實體產品，則無須伴隨其他來源而存在。不可分割性是指一般的實體產品可經過生產、儲存、運送、銷售、最終的消費者使用等不同的程序，但服務一般是生產與消費同時產生，同時存在而不可分割，服務的提供與消費具有同時

性。顧客參與服務提供的過程中，餐旅產業通常是先銷售，然後在同一個時間地點生產和消費，因此，顧客和服務的提供者必須同時出現在生產和消費的現場。所提供的服務無法預先生產，服務提供的過程中，顧客往往必須參與其中。例如，到餐廳用餐，顧客必須完全融入到服務的過程中才行。 由於「服務」本身具有「無法儲存」及「生產與消費同時」的特性，使得「服務」無法像產品一樣可以事先生產好，再賣給消費者。

三、易逝性（perishability）

服務的不可分割性造成服務具有不可儲存的性質，服務的產能也因此缺乏彈性，但卻無法如實體產品一般採用預先生產及存貨控制的方式加以調整。雖然服務無法儲存，但在市場需求穩定時，服務的易逝性不致形成問題，因為可以事先排定服務時程，但是如果在市場需求起伏甚大時，公司便將困難重重了。以製造業來說，因為產品的生產與消費不是同步進行，所以即使不良的產品，也可能照樣供應出去，一旦讓客人覺得不滿意，決心不再購買你的產品，就會立即失去該位顧客；服務不像一般的貨品，可在事前檢查時，把不良的產品汰換掉，也沒有辦法修理或調換，飯店的設施、空間、環境不能儲存，不能搬運，在某一時間內不能銷售出去的客房、菜肴等，在這一時間內的價值便隨時間而消失。如客房空置，它在當晚的價值就不存在了。餐廳的生鮮食物需要立即保鮮，否則除了美味流失外，食物也容易腐壞，不能保留，且食物需要當場烹飪。顧客大多數都是上了門才點餐，而且每位客人也會因為口味喜愛不同，而隨時變化或臨時做改變。因此，餐旅業的產品很難事先儲備。

四、可變性（variability）

　　餐旅業所提供的服務具有異質性，主要是因為餐旅業主要的服務由人所提供，服務的品質和標準常因為服務人員的不同而有所差異。餐旅業要保持一致性服務品質，常常因為顧客和服務人員的背景、個性、社會經濟階級、心理狀態、人際互動能力，和有無想要把服務做好的意願而有所不同，產品品質受人為因素影響較大，難以恆定地維持一致。

　　一方面由於服務的對象是人，他們有著不同的興趣、愛好、風俗、習慣等等，又有著不同的動機和需要；另一方面提供服務的也是人，其提供服務時受知識、性格、情緒等影響，這些影響對產品品質有著很大的可變性。不同的服務人員對顧客提供服務，有個別的差異，所以服務品質很難趨於一致，而即使服務是由同一人提供，也可能難有一致水準，這種變化性會導致服務品質的不穩定。

　　服務幾乎都要依靠人力來提供的，這個特性使得其品質問題變得格外複雜，以致於容易發生品質差異的情況，使服務的品質問題更難以確實掌握。

　　飯店員工的基本素質包括思想素質、業務素質、心理素質等。在日常的飯店工作中，可以將其具體化為豐富的飯店服務知識、隨機應變的服務能力和熱情周到的服務態度等方面。同一項服務，可能有許多變化，不但因為服務由「何人」提供而變化，而且也因服務之於「何時」及「何處」提供而有所不同。購買服務的顧客，不見得都明瞭服務具有此種高度性的變化。

第二節　餐旅業顧客滿意度

一、顧客滿意度的定義

　　所謂「顧客滿意度」就是當顧客購買某種產品時，在他心裡必定會對該項產品有某種期待，這種心理即可稱之為「事前的期待」，而將顧客事前期待與實際上所感知的服務所作的評比值，即為顧客滿意度。優質對客的服務並不僅僅是豪華飯店的事情，家庭旅館、經濟型飯店和豪華飯店一樣，都有提供優質對客服務的機會與責任。所有的飯店都有自己專門的消費群體，這個消費群體的期望值是不一樣的。

　　當一個客人購買某飯店的產品，他對這家飯店的產品和服務，以及與服務人員打交道的結果都有一個事先期望值。而當客人實際進住飯店，與服務人員打交道的結果，當產品和服務能夠達到他的期望值時，他會認為服務是好的；但實際上的產品和服務達不到他的要求時，他就會認為服務不好；但是當產品和服務超過了他的期望值時，他就會認為服務真好。

　　1.當顧客實際所受到的服務超出顧客事前的期待時，顧客得到「比聽說的還好」的高評價，名不虛傳，顧客也就可能成為再光顧的顧客了。

　　2.當顧客實際所受到的服務與顧客事前的期待沒有差別時，就會被顧客認為不過只受到一般的服務而已，顧客對飯店的服務印象不深，若無競爭對手時顧客才會再度光臨。

3.當顧客實際所受到的服務低於事前期待時，顧客就會有「這是怎麼回事」的評價，服務太差勁了，勢必將失去該位顧客。

　　餐旅業欲提高顧客滿意度，如果把客人的期望值降低，實際值不變，這種方法最為省力，但是期望值在實際上是很難降低的，因為顧客會因為生活品質改善，而增加期望值，更何況期望值是讓顧客前來的主要原因，如果餐旅業對客人的主要誘因降低了，來客數也會跟著降低，這將會影響餐旅業整體營運之收入。

　　如果客人之期望值不變，則要增加實際值，客人滿意度才會提高。當客人期望值不變時，實際值比期望值再大一些，這是最適當的管理方案。在管理客人期望值的同時，除了滿足客人最基本的需求，還要再給予比期望值更多一些的附加驚喜，這樣對於服務品質的提升，將會不斷地進步與改善。任何能提高顧客滿意程度的項目都是屬於服務的範疇，瞭解顧客的期望，以便提供更好的服務，提供需求與滿足之作業。

　　期望產品是指一般飯店的消費者所期望的一組產品或服務屬性與狀態，亦即能符合消費者原先期望的服務內容。能超出顧客的預期，提供超乎顧客原先需求之額外服務或利益，讓他們感到驚奇。如此提供同業無法提供的服務或產品，使得飯店與競爭者能有所區隔。

　　餐旅業所能做的優質服務就是要滿足賓客的期望，是相對使顧客滿意，並且讓顧客對我們的滿意度比競爭者高，但是滿足賓客的期望還不夠，還要超過賓客的期望值，高於他們原先的期望。「真好」的服務就是優質服務，所以優質對客服務就是不僅能夠滿足客人的期望值，還要超過客人的期望值。就旅館而言，顧客期望的是乾淨的房間、舒適的床、必要的家具、水電設施、完善的衛浴設

備、房間隔音良好、旅館環境幽雅以及良好的服務；就餐廳而言，顧客期望的是舒適寧靜的用餐空間、安全衛生的料理、餐飲口味良好，以及親切和善的服務。

二、如何使顧客滿意

顧客滿意對餐旅業經營的重要性，單單靠技術及價格已無法在詭譎多變的環境中致勝，二十一世紀是一個講求效率與服務的新紀元，唯有高顧客滿意度才能創造餐旅業競爭優勢。好的服務不只是表面的服務禮儀、服務態度的表現，或是為顧客解決問題而已，服務應該是餐旅業整體的承諾，它是一種文化，其需要餐旅業內部每一位員工的投入。

(一)善用資源提供最好的服務

要做好顧客服務，首先須認識自己的企業、瞭解公司的發展方向、長短期目標，並配合公司的各項目標來執行所需的工作。認清自己的職責為所有顧客提供服務，這是一項長期的、系統的、有意義的工作。要瞭解我們的顧客，瞭解我們將要面對的是各種各樣的顧客。顧客服務要配合公司的單位政策、團隊決策原則及個人能力，因為服務資源並不是毫無限制地供應，想要提供最好的服務，必須充分利用有限資源，考慮周詳，若低估企業服務資源，勢必造成多餘的資源無法充分運用，反之，若高估企業服務資源、團隊決策原則及個人能力，其結果是服務到半途才發現無以為繼，達不到原先給顧客的承諾，如此所提供的服務也絕不是最好的服務。

(二)用心充分瞭解顧客的需求

　　服務的目的就是要滿足顧客合理的需求，對飯店來說，我們是否已瞭解顧客真正的需求？最好的服務是要「合乎對方的需求」，換句話說，就是要追求「顧客滿意」。凡事站在顧客的立場，以顧客的角度思考，將心比心，具有同理心。瞭解顧客的需求，首先要與顧客溝通，提供最切合顧客需求的服務，消除可能的疑慮，化解可能的糾紛產品供應，縮小與顧客之間在角度上的差距，藉由雙向溝通，聆聽顧客的聲音，接納顧客的想法與滿足顧客的期待，瞭解顧客對服務品質的想法。

　　所謂「優質服務」應該是凡事想在顧客前面，細心去體會顧客想要怎樣的服務，設計精緻的、完美的服務流程，並完整呈現服務。在顧客還未提出要求之前，服務人員要主動提供顧客所需要的服務，這種服務才是最好的服務；若是等顧客提出要求後，才盡力滿足顧客的需求，這只能算是次好的服務。若是連顧客具體提出要求後，仍不能提供滿意的服務，那便是差勁的服務！有許多飯店精心設計流程及研發創新產品，但新產品並不符合消費市場需求，理所當然不被顧客接受，所以飯店首先要「傾聽顧客聲音」，如此才能針對顧客真正的需求，設計、提供顧客需要的產品或服務，甚至是超越顧客的期望值，使顧客感到滿意。

(三)盡所能滿足顧客的需求

　　服務的目的在於能讓顧客達到最滿意的狀態，不僅僅是喊喊「顧客第一」的口號而已，而是將自己的立場與顧客擺在同樣的位置，以顧客的角度思考，去瞭解顧客最主要的需求，關心顧客內心真正的需要，才能滿足客人的需求，達到顧客的期望，甚至超過顧

客的期望值，設計一難忘的經歷及體驗。我們是否能瞭解客人的需求，最好的服務是要「量身打造每位客人的需求」，以達到顧客滿意，使客人能夠得到個性化的且有針對性的周到服務。

客人是一個異常複雜的群體，他們的喜好、個性特點等是千差萬別的，因此飯店對於客人所提供之服務也是因人而異的，這就需要飯店員工對客人的情況有一定程度的瞭解。個別之服務，講究尊重每位顧客的獨特性，不要讓顧客覺得他是渺小無價值的，不要讓顧客覺得他是可有可無的，要讓顧客覺得他是特殊且無價的，要讓顧客覺得他是獨一無二的。留意顧客個別的特質，無時無刻的關懷他們，這種貼心設計是飯店贏在起跑點的契機。

當一位再次光臨飯店的或第二次消費同一項目的客人到來，飯店員工便可以根據自己的記憶能力迅速地把握客人的特徵，從而能夠為客人提供更有效、更有針對性的服務。在處理對客人關係時，要時時以「賓客至上」為原則，把客人的滿意看作是自己工作中最大的滿足。

一位身處他鄉異國的旅行者，受到如此親切的熱情款待，顧客必定感受深刻。換句話說，服務人員的親切與熱情，就像家人一般，來到飯店，像是回到自己的家裡，受到家人般的體貼與關懷，讓客人很自然地產生「賓至如歸」之感受。旅館做到如此水準的軟體服務，是人員服務的最高境界。

服務人員要讓自己成為顧客與單位的良性介面，必須永遠將顧客的期待擺第一位且盡力解決顧客問題。「貼心」是多方面為顧客設想，使得顧客能安心接受服務；好的服務是無論顧客接觸到哪一個服務單位、碰到哪一位服務人員，所感受到服務都是非常的好。所謂「感人的服務」是要先感動自己，才能感動顧客。服務顧客絕不輕易說不，如做不到要委婉的向顧客解釋原因。主動出擊的服務、感動的服務，才能打動顧客的心。

(四)服務的維護

　　經營餐旅業的最終目標是：「如何能夠在獲得合理的利潤下，去滿足顧客的需求，使顧客得到最大滿足」。簡言之，「使顧客滿意」是餐旅業成功的最佳策略。尤其在今日，以服務為導向的時代，維持良好的顧客關係，以及給予顧客高品質的服務，不但是餐旅業能長久享受經營成功的基本要素，也是生存必備的條件。因此，餐旅業應將如何贏得顧客、服務顧客以及保有顧客作為服務的最高目標。餐旅業服務的維護要做到服務的一致性及穩定性，此外，對顧客抱怨處理必須建立一套有效的系統及制度。

◆一致性

　　把工作中所累積的心得編輯成冊，來訓練服務人員，提高服務品質。所有的收費標準要對顧客說明清楚；所有的服務內容要一目瞭然；所有的服務過程要一氣呵成；所有的服務動作要標準一致。服務流程——顧客滿意的服務，務必要求其服務品質的一致性，並應將整個服務作業以外部顧客、內部顧客及上下游間相互服務的理念，編製作業流程，澈底執行。

◆穩定性

　　堅持理念及信念是最好的顧客服務，「穩定性」是最基本、也最難做到的服務。服務是一種無形的產品，更需要一致性及穩定性來創造顧客愉快地接受經服務驗，那是一種顧客接觸過幾次都不錯，可以預期下次也是這樣感覺的服務。

◆顧客抱怨處理

　　若要平息顧客抱怨，必須瞭解顧客抱怨的原因與抱怨目的，必須知道當顧客抱怨的時候不會僅僅是為了抱怨，應清楚瞭解顧客眞

實的想法，有的顧客僅是想告訴你「你哪裡做錯了」，有的顧客則希望得到實質的補償，以合適的方式平息顧客抱怨，才能得到顧客的諒解。

總之，在追求高品質服務及「以客為尊」的今日，我們如果想從激烈的競爭中脫穎而出，就必須不斷地充實服務內容，提升服務品質及效率，以滿足顧客需求。因為要贏得顧客並能長久保有他們的唯一祕訣就是使他們滿意。服務的對象不是我們能挑選的，所以不論什麼樣的人我們都要能夠服務，都要願意為他服務；服務的環境與條件時常是受到限制的，所以不管在什麼情況下都要能夠而且願意去服務。

第三節　餐旅業如何提供顧客滿意的服務

在建構飯店的經營特色與獨特競爭力時，飯店管理者須塑造並強化飯店的主題特色。顧客服務是個動靜結合的過程，靜態禮儀主要是服裝儀容，動態禮儀主要體現在服務人員的行動、語言和動作等方面。顧客服務要做得好，必須從「頭」做起，從「心」開始！從頭做起是重視儀表，讓顧客的視覺有賞心悅目的效果，服務人員藉由儀表展現專業形象。從心開始是發自內心真誠地為顧客服務的態度。服務人員的真誠與否將呈現在表情、眼神、態度、聲調、溝通的修辭用語上。提供良好的服務須具有下列六項要點：

一、真誠和主動的服務

實際上，任何廣告與促銷，其效果都不及員工熱情親切的表現。讓顧客直接感受到真誠的關懷，那就已經不是廣告台詞、包裝

技巧，也不是促銷花招，而是一種眞實的情感訊息之傳遞，讓人直接感受到這樣的情感存在你我之間。眞誠而熱情的態度，是顧客所能感受到的，且通常會因此而受到感動。如何表達你的眞誠呢？眞誠，是一種態度，是一種信仰，是你內心的思想！你想的是什麼，就會流露出什麼樣的訊息。它會從你的眼神、態度、語氣、措辭、肢體語言，或者是你的手勢和動作中自然顯露，而散發出來。不需要刻意表現，也無法隱瞞。你是眞誠的就是眞誠的，你不是眞誠的，就不是眞誠的。你自己瞭解，顧客同樣也能瞭解，所以，眞誠是最重要的。眞誠的服務，是對工作的認同，對自己的尊重。你選擇這份工作，要能瞭解這份工作的意義。從業人員的服務心態，將直接影響服務的水準和品質。

　　主動服務才能讓顧客有被尊重的感覺，這是服務的基礎。我們所提供的服務，如果態度上是主動且十分客氣的，顧客的感受會是很窩心的，這種窩心就是一種「尊重」。周到的服務——體貼客人的需求，主動提供幫助，這才是優異的服務。主動又貼心的服務是很重要的，用體貼的心與顧客應對，凡事爲顧客設想，設身處地體會顧客的感受，多一些問候與傾聽，將可拉近與顧客的距離。那些服務可能是很簡單的動作，但是其產生的攻心效果，更甚於旅館所提供的標準服務內容中的任何一項。提供服務時，要爲客人的需求想一想，在客人的要求之外，額外再多加一點，這不需要費多少時間及力氣，只要多體貼客人的立場再加上一點主動幫助的意願，就能讓客人覺得服務優異，因此留下美好的印象。通常顧客不會告訴你他們的需要，所以服務人員應具備敏銳的觀察力，「在瞬間看穿顧客的內心渴望」，「設想在顧客的前面」，發揮高度的「讀心術」，那麼必能攻略顧客的心，自然能擄獲顧客的心。

二、嫻熟的服務技能

飯店接待服務技能，是指服務人員在接待服務工作中，應該掌握和具備的基本功。所謂嫻熟的服務技能，意思是能夠迅速、確實而且技巧地處理好本身的工作，增加服務的熟練程度，減少服務中的差錯，是提高服務水準、保證服務品質的技術前提。

如果服務人員能熟練地掌握工作之服務技能，在為客人服務時就能遊刃有餘，妥帖周到。否則就容易發生差錯，引起客人的不滿，造成顧客抱怨。有些人經年累月地工作卻不肯用心改進自己的工作品質，以致服務品質不佳，經常造成客人抱怨、公司受損。

提高服務人員對客人的工作效率。服務效率就是服務工作的時間概念，也是向顧客提供某種服務的時間限制。它不僅展現出飯店服務的業務素質，也表現了飯店的管理效率，尤其在當今社會「時間就是金錢」的時間價值觀念下，服務效率高不僅能夠為客人節省時間，而且能夠為客人帶來效率，而飯店也因效率的提高而能為更多的客人提供更為周到之服務。

三、具備豐富的知識

飯店員工若能熟知飯店服務知識，就能提供顧客更好的服務品質。服務人員應當瞭解公司的組織，以及各種與服務有關的資訊總和。飯店服務為了服務好客人，使客人產生賓至如歸的感覺，服務人員應透澈瞭解飯店產品知識及本身工作的知識，掌握飯店服務知識是飯店各項工作得以開展的基礎，只有在具備豐富知識的基礎上，才能順利地向客人提供優質服務。服務人員因服務熱誠不足，或對產品專業知識的陌生而導致顧客流失的情況，經常可見。

　　豐富的知識可以使服務隨口而至，隨手而來，隨時準備好答覆客人的問題，使客人所需要的服務能夠及時、熟練地得到準確的提供。豐富的服務知識可以很大程度上消除服務中的不確定方面，從而使服務人員在服務中更有針對性，減少出錯率。

　　服務人員能熟悉地向客人介紹飯店環境，包括當地的交通、旅遊、飲食等方面的資訊，甚至對商務有關常識都能掌握，使客人對所處的環境有清晰的瞭解。服務人員必須對飯店中各種設施及服務非常熟悉瞭解，例如飯店的公共設施、營業場所的分布及其功能，各餐廳的名稱、主題、位置、營業時間及價格等，這樣才能隨時答覆客人，幫客人解決困難，提供令人信賴的服務，客人對飯店的滿意度自然就會增加。

　　飯店督導必須具備的知識，除了飯店專業知識以外，還包括歷史知識、地理知識、國際知識、語言知識等方面。從而可以使飯店在面對不同的客人時，能夠塑造出與客人背景相應的服務角色，與客人進行良好的溝通。飯店督導應努力充實自我，學習新資訊，除了利用業餘時間從書本上學習知識外，還可以在平時接待客人中逐漸累積；同時飯店也應當進行有針對性的培訓。

四、敬業精神

　　飯店服務人員須具備敬業精神，敬業的意義就是對自己的工作感到驕傲，具有專業的責任感。飯店服務人員應該隨時反省自己對工作所抱的態度，投入多少？服務用心嗎？時常試著提升自己的工作品質嗎？是不是有花時間用心學習工作上的新知？唯有具備敬業精神才能使你不斷地在工作中求進步，同時充滿活力，積極地服務客人。具備敬業精神的員工，是主動積極進取的，知道什麼是當做的事，不必由別人提醒才去做，會自動自發地尋找工作，並能發現

需要改進的地方。

旅館服務人員對於顧客的服務，肩負著使命，必須力求達成，難免會因而耽誤下班或休息時間，但是若從業人員具備敬業精神及使命感，就不會在乎那一點點時間，不會因為顧客耽誤了一點時間而產生不悅，或因此對於工作抱怨不已；當這些使你不愉快的因子全部消失後，你又怎會不快樂呢？

在服務的態度和理念上，都應該有明確的觀念；在對待顧客服務工作上的態度應以顧客為導向，以顧客為中心；作為員工，應該將公司的服務理念落實，於細微處體現公司之理念，給顧客一種深刻的印象。旅館從業人員都應該喜愛每一位來到飯店的顧客。我們盡主人之誼，提供最好的食物、設備與服務給客人，客人滿意，便是我們做主人的最大喜悅，哪怕是一個微笑、一句由衷的「謝謝」，就是我們最大的肯定與鼓舞。當我們服務了許多的客人，令他們帶著滿意離去，也讓我們在這個過程中學習進步，我們的專業因此更加增長，這是多麼令人興奮與喜悅的事情！

五、優雅的服裝儀容

儀態、儀表是指人的外表，包括人的容貌、姿態、服裝和個人衛生等，也是服務人員精神面貌的外觀表現。儀表在人際交往的第一印象當中，最能引起對方注意。一個舉止瀟灑、衣著得體的人，總會比一個衣衫不整的人給人有更好的印象。因為儀表端莊和穿戴整齊的人，總是比不修邊幅的人更有教養，也可能更懂得尊敬別人。一個人的性格、氣質、文化修養，也是一個人自身所具有的較為穩定的行為習慣的外在表現方式。每個人在言談舉止中自然表現各種獨特的語氣、語調、手勢、動作等等，這是人的下意識行為習慣，是內在精神自然的流露。

　　在顧客接受你的想法或是建議之前，請先讓顧客接受「你」！特別是服務人員的服裝儀容，往往關係到個人修養及飯店形象。適當的服裝儀容與形象，除了給予顧客良好的第一印象外，更可以透過整潔的儀容凸顯服務的專業與自信。個人的儀表及姿態，隨時都在告訴客人你是不是用心在工作或服務。儀容儀態是飯店優質服務的一個重要表現，它貫串於整個服務的過程。飯店員工在外表上注意著裝和髮型，外表形象要顯得不落俗套，大方得體，端莊典雅。

　　專業的外在儀表保持整潔、得體的儀表穿著乾淨、合宜的制服，並戴上你的名牌，留給客人美好的第一印象，反應出公司之高品質服務形象。你的儀表對你所任職的飯店形象有莫大的影響；能被選為在這家飯店工作的一個原因，在於深信你將能代表這家飯店。保持一個整潔、專業的儀表，將能向顧客顯示你關心你自己及飯店。

　　服務人員必須學習站有站相、坐有坐相，無論徒步或是站立，都要給人留下良好的印象。一個人徒步而行，必須抬頭、挺胸、閉口、眼睛平視，表現出活力充沛、朝氣蓬勃及有勇往邁進的精神，但同時切忌兩手合抱於胸前、又置於背後，或兩手插於褲袋。服務人員在顧客面前拍頭皮屑、拉褲頭、扯領帶、拉襪子、拉襯衣，這些不雅的動作都不宜在客人面前展現。服務人員只要上了檯面、到了現場，一律要讓客人看到整齊端莊的儀表，因此關於個人服裝儀容方面應特別注意。

六、服務禮儀

　　服務人員的禮儀，決定顧客對飯店印象的好壞，合宜的接待服務禮儀，可以讓住宿的顧客留下良好的評價與印象，並讓來訪的顧客對飯店產生信賴感。服務人員的禮儀可以把飯店及自己推銷出

去，讓顧客喜歡，可得到忠實的顧客，做好飯店的形象，為飯店形象加分。總之，講求禮儀是飯店對每位員工的基本要求，也是體現飯店服務宗旨的具體表現。服務禮儀是飯店的服務宗旨，講究「賓客至上、服務至上」，它充分地反應了飯店對每位員工的期望。

飯店本質上就是服務業，因此必須從如何獲得顧客滿意為出發點，進而尋求令顧客感動的經營方式，以獲取顧客的芳心，服務人員接待禮儀的基本要素是誠心，只有站在顧客的立場，有一顆真誠的心，接待服務中能以客為尊，才能表現出優雅感人的禮儀，培養出發自內心對顧客的關懷的態度，將使雙方能處在輕鬆而融洽的氣氛中，反之，如果服務人員面對顧客時是拉長臉，嫌麻煩，顧客也一定會產生印象不佳的連鎖反應，認為企業的文化即是如此。因此，服務人員應有真誠的待客心理。不管你有多好的技巧及知識，沒有服務禮儀就無法真正的提供良好的服務。

服務禮儀主要是以服務人員的儀態儀容、服飾、語言為基本工作內容。透過行為舉止、言談等，對顧客表現出友好和尊重的行為規範。簡單來說，就是服務人員在工作場合適用的禮儀和工作藝術。服務禮儀是表現服務的具體過程和手段，使服務有形化、系統化。有形化、系統化的服務禮儀，不僅可以樹立企業和服務人員良好的形象，更可以塑造顧客高接受度的服務規範和服務技巧，能讓服務人員在與顧客的互動中獲得理解、好感和信任。服務禮儀的實體內容，是指服務人員在自己的工作職務上提供標準的、正確的做法。

人的服務，涉及到從業人員的專業技術、敬業態度和企業文化等因素，一個專業的服務人員，提供周到、親切的服務，與顧客產生良好的互動，甚至與顧客閒話家常，抒解思鄉之情與工作的壓力，會令顧客感到愉悅、滿意，甚至感動。

【練習一】自我評估

身為督導在顧客優質服務，請評估方您哪些方面需改進，並提出您的改進計畫。

<table>
<tr><td></td><td>低</td><td></td><td></td><td></td><td>高</td></tr>
<tr><td>1.我熟悉自己的工作的職責及流程</td><td>1</td><td>2</td><td>3</td><td>4</td><td>5</td></tr>
<tr><td>2.我願意為顧客提供優質服務</td><td>1</td><td>2</td><td>3</td><td>4</td><td>5</td></tr>
<tr><td>3.我具有服務知識的準備</td><td>1</td><td>2</td><td>3</td><td>4</td><td>5</td></tr>
<tr><td>4.我的儀容儀表的整潔，並隨時佩戴好胸牌</td><td>1</td><td>2</td><td>3</td><td>4</td><td>5</td></tr>
<tr><td>5.我熟悉飯店的情況，以便回答客人的詢問</td><td>1</td><td>2</td><td>3</td><td>4</td><td>5</td></tr>
<tr><td>6.我總是預先考慮客人的需要，並能滿足顧客的需求</td><td>1</td><td>2</td><td>3</td><td>4</td><td>5</td></tr>
<tr><td>7.我能供顧客個性化的服務</td><td>1</td><td>2</td><td>3</td><td>4</td><td>5</td></tr>
<tr><td>8.我總是面帶微笑，親切的對待客人</td><td>1</td><td>2</td><td>3</td><td>4</td><td>5</td></tr>
<tr><td>9.我經常使用禮貌語言</td><td>1</td><td>2</td><td>3</td><td>4</td><td>5</td></tr>
<tr><td>10.我能很快的叫出顧客的名字</td><td>1</td><td>2</td><td>3</td><td>4</td><td>5</td></tr>
</table>

【練習二】身為督導遇到下列案例應如何處理？

1.客人剛check in要求換房，應如何處理？

2.如果同一樓層有兩間房同時掛著「請即打掃」牌，而此時只有一位服務員，應如何處理？

3.發現客人整天在房間內，同時掛著 "Make Up Room" 牌，應如何處理？

4.客人向櫃檯抱怨未收到報紙，但門上掛 "DND" 牌，應如何處理？

5.按正常程序敲門入房服務，發現客人剛好從床上起來，應如何處理？

6.做房發現房間裡有大量現金露在外面，應如何處理？

7.客人將冰箱飲料飲用後，從外面買回同一種替換mini bar的飲料，但包裝不同，應如何處理？

8.Room Atendant向你報告，發現房間地毯疑似有客人菸頭燙洞，應如何處理？

9.您在樓層遇到有閒雜人員在樓層走廊徘徊，應如何處理？

10.如果訪客帶有客人簽名的便條，但無房卡要求進入客房取物品時，應如何處理？

11.您在樓層遇到客人醉酒時，應如何處理？

12.客人自稱房卡忘在房間裡，要求房務人員為其開門，應如何處理？

13.在樓層遇到臨時停電，應如何處理？

14.樓層消防警報響，剛好有旅客入住，應如何處理？

15.發現客人在房間內爭吵、打架，應如何處理？

16.客人剛離店，整理房間發現時有物品遺留在房間，應如何處理？

17.客人剛離店，整理房間發現浴袍被客人帶走，應如何處理？

18.客人剛離店，整理房間發現時有使用mini bar的飲料，應如何處理？

19.客人抱怨今天送洗之衣物未送回，應如何處理？

【練習三】將學員分組，討論下列問題

1.何謂顧客？顧客對飯店的重要性？

2.良好的服務態度有哪些？列舉說明。

3.不良好的服務態度有哪些？列舉說明。

4.要提供客人良好的服務品質，服務人員本身應具備哪些條件？

5.服務人員應如何做好服務工作？

【練習四】飯店服務應具備知識

服務人員應當對飯店的服務設施瞭若指掌，在客人需要的時候，服務人員就可以如數家珍地一一加以介紹，從而使飯店的服務資源能夠儘快地為客人所知。在你所任職的飯店督導必須掌握的環境方面的知識主要有下列各項：

1. 飯店的組織結構、各部門的相關職能及相關高層管理人員的情況。
2. 飯店的管理目標、服務宗旨及企業文化。
3. 飯店的基本資料：飯店的電話號碼、飯店的傳真號碼、飯店的地址及網址等。
4. 飯店所處的地理位置、到達飯店途徑、飯店鄰近的主要公路及可供使用的大眾交通工具。
5. 飯店停車場：客人停車位置數量、收費辦法及停放相關的規定。
6. 飯店各樓層的功能、客房種類及房內設施。
7. 飯店的公共設施的分布、設施的功能及使用的限制。
8. 飯店的各項服務專案的具體服務內容、服務時限、服務部門及聯繫方式。
9. 飯店各餐廳的名稱、主題、樓層位置、營業時間及價格。
10. 飯店的休閒設備（如禮品店、健身俱樂部、游泳池及其他設施）的名稱、地點及營業時間。
11. 飯店宴會設施的名稱、大小與地點名稱、地點及營業時間。

第十一章

餐旅業顧客抱怨之處理

- 餐旅業顧客抱怨的原因
- 餐旅業顧客抱怨的方式
- 餐旅業處理顧客抱怨之原則
- 餐旅業處理顧客抱怨之步驟
- 餐旅業如何減少客人的抱怨

　　飯店業是競爭非常激烈的行業，如何加強探討客人抱怨之原因，及訓練服務人員處理客人抱怨的技巧，因而減少客人對飯店的抱怨，進而贏得更多忠實的顧客，這是各級飯店督導人員當前所必須重視的課題。當客人對飯店的服務無法得到滿足時，很自然就會產生抱怨，甚至前來抱怨。抱怨一旦產生，不論是對客人，或是對飯店而言，都是一個不愉快的經驗。

　　對客人而言，客人不滿意飯店所提供的服務，對客人的心理、生理都可能造成傷害，甚至因為抱怨所造成的金錢及時間的浪費，更是無法衡量。至於飯店本身，則可能因為客人抱怨的產生，而降低客人對飯店的信心，進而影響到飯店的信譽及營業收入。因此對飯店而言，客人的抱怨乃管理上最重要之事。經由客人抱怨，飯店可以及時發現自己發現不了的服務工作漏洞；經由客人抱怨，可以鞭策飯店及時堵塞服務工作漏洞並對症下藥，解決可能是長期以來一直存在著嚴重影響飯店聲譽的問題。

第一節　餐旅業顧客抱怨的原因

　　簡單來說，客人對飯店產生抱怨，是因為當客人認為所付出的費用與得到的服務品質不成正比，即認為所購買的飯店產品非所值時，就會產生抱怨。客人抱怨主要是因為飯店所提供的設備和服務與客人所期望的發生差距。客人抱怨不僅僅意味著客人的某些需求未能得到滿足，實際上，客人抱怨也正是客人對飯店、服務人員服務工作品質和管理工作品質的一種劣等評價。任何飯店、任何服務人員都不希望有客人抱怨自己的工作，這是人之常情。客人對飯店的抱怨，可說是無所不至，無所不含。如果仔細探討客人抱怨之原因，以其抱怨內容之性質加以分析，大約可以歸納為以下五大類：

一、客人個人之因素

　　飯店對客人而言，乃是旅程當天最終到達之目的地。一般而言，出外觀光旅遊之客人，其情緒受到許多因素之影響，諸如氣候、時差、緊張、勞累等，而產生壓力，偶爾會有異於常人的表現。任何發生於旅途中的不愉快經驗，造成情緒不好的情況下，使其容易遷怒。例如，投宿飯店時，稍有不如意，很自然地會把一切不滿之情緒宣洩在飯店上。這種情形，在晚班機到達的客人中最為常見。另外一方面，抱怨的原因是客人對飯店的期望要求較高，一旦飯店提供的產品和服務與期望相去太遠時，就會產生失望感；或者是客人對飯店宣傳內容的認知與飯店有分歧；或是客人本身挑剔與苛刻的性格，因此對飯店的設施及服務工作過於挑剔等。即使是客人的故意挑剔、無理取鬧，飯店也可以從中吸取教訓，為提高經營管理品質累積經驗，使制度不斷地改進而更趨完善，服務接待的工作日臻完美。

二、對設施設備的抱怨

　　常見客人對飯店設備的投訴，主要包括：客房內的設備不能正常運作，如客房空調控制失靈、冷氣不強、室內溫度太高；客房燈光設備不當，照明光線不足；音響、電視不能使用，電話不通；客房浴廁內漏水或管道不通；洗澡時水壓不足，冷熱水供水不穩定；飯店房間隔音不良，易受隔壁客人干擾；客房內濕氣過重，造成房間內有異味；客房內家具或櫥櫃太小，抽屜太少，不能使用；床太硬或太軟，客房地氈太舊破洞甚至很髒；電梯太少等待過久；設施

的安全性不足等種種現象。飯店設施設備使用不正常讓客人感覺，不便，也是客人抱怨的主要內容。因飯店設備之經常性保養未能貫徹執行，以致客房內的許多設備不能正常運作，亦足以使客人不滿，而產生抱怨。客人抱怨服務設備欠妥，因而對客人造成傷害，或使客人蒙受損失，如夜間大廳地面打蠟時不設護欄或標誌，以致客人摔倒受傷等等。

三、對服務人員態度的抱怨

對服務人員服務態度優劣的甄別評定，雖然根據不同消費經驗、不同個性、不同心境的客人對服務態度的敏感度不同，但客人評價服務標準不會有太大的差異性。尤其是需要強烈尊重的客人，往往以服務態度欠佳作為抱怨內容。由於服務人員與客人都有其個人性格與特質，所以任何時候，此類抱怨都可能會發生。客人對服務人員服務態度的抱怨主要包括：

1. 服務員待客冷冰冰的態度、若無其事、愛理不理的接待方式，不主動服務，使客人有被冷落、服務怠慢的感受。
2. 服務人員態度不佳，表情生硬，沒有笑容、呆滯，甚至態度冷淡，待客不熱情，過度敷衍了事。
3. 服務人員缺乏修養，舉止言行冒犯了客人，語言粗魯、無禮等等。
4. 服務人員在大庭廣眾之下，態度咄咄逼人，甚至挖苦、嘲笑、辱罵客人，使客人感到難堪。
5. 服務人員速度太慢，不熟悉工作的程序，浪費客人大量時間。
6. 服務人員不專心服務客人，一邊服務，一邊與同事嬉戲。

四、對飯店服務的抱怨

客人對飯店服務之不滿，往往是針對具體的事件而言。例如，櫃檯入住登記手續繁瑣，客人等候時間太長；櫃檯人員將客人的郵件分錯了房間，導致郵件未能及時送給客人，耽誤客人的大事；行李無人幫助搬運；總機轉接電話速度很慢、叫醒服務不準時等等；餐廳上菜、結帳速度太慢等等，都屬於對飯店服務的抱怨。此類抱怨在飯店接待任務繁忙時，尤其容易發生。在這方面抱怨的客人有的是急性子，有的因心境不佳而借題發揮，有的是要事在身，有的則是因為飯店服務效率低而蒙受經濟損失。飯店必須改善客人滿意度，提高工作效率，才能降低客人抱怨。

五、對異常事件的抱怨

不可抗拒的因素，諸如地震、颱風等天然災害引起的狀況，或不明原因的停電、停水對飯店產生的影響；無法買到機票、車票，因天氣的原因飛機不能準時起飛，甚至因下雨造成交通壅塞，客人招喚不到計程車等，都屬於異常事件的抱怨。飯店不容易控制此類問題，另外也是非飯店本身可以解決的問題，但客人往往希望飯店能夠幫助解決，此類問題也成為客人抱怨的重要原因。但以比例而言，這類抱怨較前幾類為少。飯店面對這類抱怨時，若是實在無能為力協助處理，應儘早告訴客人。處理時服務人員的態度優良，表現全力幫助，通情達理，大部分客人是能諒解的。

第二節　餐旅業顧客抱怨的方式

　　客人在住宿過程中不滿、抱怨、遺憾、生氣動怒時，可能會直接向飯店抱怨，也可能不願抱怨。不願抱怨的客人可能是不習慣以抱怨方式表達自己的意見，他們寧願忍受當前的境況；另一種可能是認為抱怨方式並不能幫助他們解除、擺脫當前不滿的狀況，得到自己應該得到的，換句話說，客人認為抱怨沒有用。還有一種可能是怕麻煩，認為抱怨將浪費更多自己的寶貴時間，反而使自己損失更大。

　　事實上，大多數客人是不會輕易前來抱怨的，這些客人儘管沒有直接抱怨，但他們會透過其他途徑來進行宣洩，他們通常採取的做法是，下次不再選擇這家飯店，以此來表達其不滿的情緒，並且還可能把不愉快的經歷告訴他的朋友、親戚、同事。甚至會影響所有的親朋好友來採取一致的對抗行動。所以，飯店如果忽視客人的抱怨，將會無法適應飯店業競爭的環境。就客人提出抱怨之單位而言，可分為以下幾種不同的具體方式：

一、客人直接向飯店投訴

　　這類客人認為，是飯店令自己不滿，是飯店未能滿足自己的需求和願望，因此直接向飯店抱怨，儘量爭取挽回自身的損失。客人於抱怨事件發生當時，立即提出申訴，此為最常見的方式。此外，投訴之時間亦可能為抱怨事件發生之後才提出申訴，但其仍住宿於飯店內。另一種則是客人遷出飯店之時，填寫飯店之問卷表，或於返家之後，以書信方式，向飯店提出抱怨。

二、客人不向飯店而向旅行社投訴

選擇這種抱怨管道的往往是那些由旅行社介紹而來的客人，客人抱怨內容往往與飯店服務態度、服務設施、配套情況及消費環境有關。在這些客人看來，與其向飯店抱怨，不如向旅行社抱怨對自己有利，前者既費力而往往徒勞。

三、客人向消基會一類的社會民間團體投訴

這類客人希望利用社會輿論向飯店施加壓力，而能使飯店以積極的態度去解決當前的問題。

四、客人向觀光局等相關政府部門投訴

此種抱怨是運用法律訴訟方式起訴飯店。站在維護飯店聲譽的角度去看待客人抱怨方式，不難發現，客人直接向飯店抱怨是對飯店聲譽影響最小的一種方式。飯店接受客人抱怨能控制有損飯店聲譽的資訊在社會上傳播，防止政府主管部門和公眾對飯店產生不良印象。從保證飯店長遠經營的角度來看，飯店接受客人抱怨能防止因個別客人抱怨而影響到飯店與重要客戶的業務關係。

客人用抱怨的方式來表達其不滿，可以讓飯店有說明或改進的機會。事實上，每一次客人抱怨的時候，正是爭取一個忠實客人的大好時機。飯店應採取主動積極的態度，坦然面對，接受客人建言，做出改進，讓客人感到飯店的誠意，如此才能得到客人之支持。因此，客人抱怨看似是飯店經營上的危機，但若能將其處理得

當，使這些抱怨化為客人對飯店忠誠與關係的建立，將使客人再度光臨，同時也促使飯店因客人的抱怨而更加進步，將危機化為轉機，帶來更多有形及無形上的利益。反之，如處理不當，飯店不僅將失去一個客人，甚至，由於此一客人對飯店之口碑不佳，影響所及，會讓飯店蒙受更大的損失。

 ## 第三節　餐旅業處理顧客抱怨之原則

處理客人抱怨的同時，飯店正面臨「為飯店的服務加分」或是「永遠失去這位客人」的抉擇。抱怨事件處理得好，可以為飯店的服務加分；處理失當，則可能永遠失去這位客人。所以，處理客人抱怨事件時，務必遵守下列基本原則。

一、保持健全之服務心態

客人抱怨，說明飯店的管理及服務工作還有漏洞，說明客人的某些需求未被重視，未被滿足。客人的抱怨必有其原因，是我們錯了，則立即改之；若是客人誤會了，也必須坦然以對，以更開闊的胸襟面對加以釋懷，不要因為這些責難而減低對飯店工作的熱情。

對待客人抱怨應誠心誠意地聽取申訴者的主張，在處理客人抱怨的過程中要做到不卑不亢，堅持原則，但應注意態度、語言、舉止要有禮貌，真心誠意地幫助客人解決問題，並根據情況採取有效措施。

絕不可輕忽抱怨事件的重要性，輕視抱怨的重要性，是犯了處理客人抱怨事件的大忌！服務人員接受到抱怨訊息時，保持積極主動的態度，不要把客人投訴當成是一種麻煩，必須先研究情況，作

為處理抱怨的依據，但是千萬不可以忽視抱怨事件的嚴重性和影響性，必須以萬分謹慎的態度加以面對，注意每一個細節的處置，務求完美沒有瑕疵，將客人抱怨當作是提高客人滿意度的機會。

二、避免由客人抱怨之當事人出面處理

客人提出抱怨和抱怨後都希望自己的問題受到重視，處理該問題的人員層次會影響客人的期待以及解決問題的情緒。飯店處理抱怨事件當然需要高度的技巧，人選也是關鍵之一。選對人處理，將十分有助於事件的順利解決。抱怨事件處理應由單位主管或較高階層人員主動出面處理，當場可以處理及做出彌補和賠償的決定。如客人見到主管出面致歉，一般來說都會降低不滿情緒。面對客人的抱怨不應指責或批評別人撇清責任，客人不會因此對公司或個人給予肯定，因為客人只希望能替他解決問題。

三、絕不與客人爭辯

當客人怒氣沖沖前來抱怨時，首先應該讓客人把話講完，傾聽客人的意見時，瞭解具體情況，客人在氣頭上，不要辯解理由，這樣反而會引起客人的反感，而不利於事情的處理，當然更不可以指責客人的不是。客人情緒高昂之時，服務人員更應態度冷靜謹慎，避免受到影響而導致不客觀及情緒化的表現，這樣反而容易使事情越發複雜化，處理的難度更加升高。

當客人對飯店有所不滿時，我們必須給客人一個抱怨的機會，讓客人舒暢其怨言，並對客人抱怨的內容，做出適當之反應。表面上看來服務人員似乎處於劣勢，但事實上若當客人被證實犯了錯誤時，他下次再也不會光臨這家飯店了。因此，服務人員應設法平息

客人的怒氣，解決問題。然後對客人的遭遇表示歉意，還應感謝客人對飯店的關心。客人情緒激動時，服務人員更應注意禮貌，如果客人情緒激動，要技巧性地將客人請到合適的地方進行交談，避免在人多之處與抱怨之客人晤談，以免陷入僵局。可以先行安撫，把正在爭吵的客人帶離現場。若是即將出現爭吵的情勢，試著將客人與人群分開。避免以懷有敵視的情緒與客人爭辯，對客人的遭遇應適時地表示理解，並適時地表示歉意，讓客人感到飯店是重視、理解其意見，並且正在盡力幫助他解決問題，切忌反駁客人的申訴。

四、第一時間處理避免擴大

處理抱怨事件不可以拖延，否則延誤了處理時機，將更難以處理。發生抱怨事件時，客人當時必定情緒不佳，如果能適時加以處理，可以平息客人的怨氣，則事態將不至於擴大。相反地，如果延誤了處理的第一時間，使客人認為飯店不重視客人的抱怨，致使客人情緒更加不滿，原本較小的事件將演變成更不易處理的局面。另外要避免事件擴大，事件曝光而成為媒體注意的焦點，這樣對飯店之形象及商譽，將產生很大的負面影響。身為服務人員，不要期待每位客人都是愉快的、滿意的、有禮的。你的工作職責與挑戰，正是使不愉快的客人變為愉快，不滿意的客人變為滿意，使不懂禮貌的客人因為你而變得有禮貌。

五、不損害飯店的利益

對於服務人員來說，受理客人抱怨不是一件令人愉快的事情。服務人員應該客觀地、仔細地聽取客人之意見，並儘快採取改正措施，與此同時，又要注意維護飯店的利益。保障飯店利益的前提

下，在聽取客人投訴時，應保持冷靜、耐心、微笑，採取果斷、靈活而又令客人樂意接受的方式。妥善處理投訴，能給客人留下美好的印象，處理不當則會令飯店蒙受損失。服務人員對客人的抱怨解答時，必須注意合乎邏輯，不能推卸責任，隨意貶低他人或其他部門。對於大部分的客人抱怨，飯店是提供藉由面對面的額外服務，以及對客人的關心、體諒、照顧來加以解決的。

對超過許可權或不能即時處理的客人投訴，飯店服務人員要聯繫相關人員進行訴願處理；要及時與上級聯繫以得到指令，不能沒把握、無根據地向客人提出任何保證，以免妨礙事務的進一步處理。明確客人投訴接待的標準，尊重每一位客人，提高客人的滿意度，樹立飯店良好的形象和信譽。建立一個全公司一致使用的客人抱怨處理方法，以確保有效處理客人抱怨，使客人及組織雙方都能獲益。

 ## 第四節　餐旅業處理顧客抱怨之步驟

飯店對客人投訴應持歡迎的態度，使客人的不滿與抱怨，能夠得到妥善的處理，在情緒上覺得受到尊重，並把處理客人抱怨的過程作為改進管理與服務機會。督導在處理客人抱怨時，應注意遵守下列基本原則和步驟。

一、友善謙和之態度和禮貌

客人抱怨事件發生時，一定是飯店發生了問題，客人的需求未得到滿足，並且這種錯誤已影響客人的便利、舒適與權益，因而造成客人的損失，所以客人才會提出抱怨。客人的抱怨，不會是沒

有原因的。誠懇的處理態度是很重要的，飯店錯了便是錯了，應該立即向客人道歉並認錯，事情不會因為你的不承認錯誤，而使對方相信你是對的。不認錯只有更加激怒客人，所以，誠實的面對才是最好的政策。當抱怨發生時，記住幾個重要觀念：「客人永遠是對的。」、「不是客人找你麻煩，而是我們做錯事了。」、「不是客人對不起你，而是我們對不起客人。」

督導處理抱怨時要表現出高度的禮節、禮貌，代表飯店向客人致歉並表示感謝，表現出對客人的尊重。若督導態度誠懇和藹，禮貌熱情，會降低客人的憤怒情緒。可扭轉的火爆場面，千萬不要抱著防禦性的態度。客人有抱怨就是表現出客人對飯店的產品或服務不滿意，他們覺得飯店虧待了他，如果在處理過程中態度不友好，會加重他們的不滿意，造成關係的進一步惡化，即使客人不對，也不要直接指出，盡量用婉轉的語言和客人溝通。若能建立如此正確的觀念，那麼，不必刻意表現，你的道歉態度及補償措施，必定充滿誠摯，客人必定能有所領會。

二、傾聽客人投訴

在傾聽客人投訴時應該有高度耐心，讓客人先發洩情緒，因為客人之所以投訴是因為飯店沒能讓客人滿意，所以客人投訴時的情緒一般都較為激動，應該先讓客人發洩情緒。客人往往會把不滿的情緒發洩出來，服務人員要有心理準備會聽到難聽的話。客人對飯店不滿，發洩時在言語方面有可能會言語過激，如果和客人針鋒相對，勢必惡化彼此關係。客人把氣話講完了，不久你就會發現他的氣也消了。

全神貫注傾聽客人的陳述，切忌中途打斷或心有旁鶩。用平靜的心情傾聽，認真、耐心、仔細聆聽再聆聽，事情發生的細節，

瞭解客人的不滿和要求。聆聽要「聽」得到重點，聆聽也要有表情有回應，「是的」、「對」、「我瞭解您的感受」、「我懂您的意思」，善用自己的舉止和語氣去勸慰對方，並聽出客人目前的情緒。即使客人投訴的問題癥結在於客人本身，仍然應該堅持聽完客人的陳述，不要打斷，利用聽的時間思考如何解決問題。

三、對客人表達感同身受

在聽取客人意見時，在客人投訴時，服務人員應理解客人的心理，以同理心的角度，抱持著體諒的心情，從客人的角度去看事情、去體會客人的感受，站在客人的立場為對方著想，對客人的行為表示理解。對客人表示感同身受，同情客人處境，設身處地站在客人的立場上，讓客人感受到你是與客人站在一起的。這樣可以增加客人的信任，從而減少客人的不滿。表現出高度的負責態度，代表飯店向客人表示歉意與感謝，努力滿足他們真正的需求，誠意地幫助客人解決問題。只有這樣，才能贏得客人的信任與好感，才能有助於問題的解決。

要對客人的遭遇表示同情，並不失時機地表示一些歉意之詞，讓客人感到飯店是同情他，理解他，是有誠意聽他抱怨的，並且要保持頭腦冷靜，弄清楚事情原委後，迅速作出正確的判斷。在處理投訴的過程中，注意給予客人自尊心。複誦客人的話，讓客人知道，你瞭解他們的抱怨緣由。讓客人感到有面子，大多數的客人抱怨，只是要爭個「面子」。因此，處理抱怨事件一定要注意說話技巧，處理過程要讓客人感到「有面子」，其實這就是尊重客人的感受，認同客人的見解。做到這一點，通常事情會變得很好處理。服務人員要注意自己的身體語言、表情、眼神、聲調、用字遣詞，並且用和善的舉止、語氣去勸慰對方，讓客人放鬆心情，表現出願意

為客人排憂解難的誠意。在解釋問題的過程中，措詞要十分注意，
要合情合理，得體大方。

四、認眞記錄客人投訴

做好投訴之細節記錄，以作爲處理時的參考，絕不可露出不耐
煩的神情。客人意見及處理經過詳細記入工作日誌，爲避免誤解，
應將其抱怨重點複述一遍，若有涉及其他部門的問題或過失，也必
須承擔，不要向客人解釋這些職務關係。認眞聽取客人投訴，不遺
漏任何細節，最好當能用筆記錄，以便確認問題的所在。主動記錄
投訴細節，尤其是用筆記錄客人的問題，會讓客人感覺到你對所反
映的問題非常重視。作筆記時絕對要隨身攜帶紙筆，千萬不要隨手
抓一張餐巾紙或廢紙的反面。不要客人一開口就埋頭猛寫，這不僅
是對客人的不重視，而且更容易遺漏或忘記一些重點。如果時間允
許之下，聽取客人對飯店意見的具體內容，瞭解發生什麼事情，發
生的經過，眞正的原因，發生的時間地點、涉及人員，瞭解情況除
了讓處理者可以先抓到重點以外，也可以避免客人必須一再地重複
事情的經過。處理客人投訴時，絕對不可在中途離開過長的時間，
讓客人久等。

五、掌握問題重心，分析抱怨事件

認眞聽取投訴，確定客人目前的情緒，明確客人投訴的問題，
找出問題所在，確認問題所在，並且瞭解抱怨的重點所在。設身處
地站在客人的立場爲對方設想，提出解決方案，掌握重心，瞭解癥
結所在，按已有的政策酌情處理，處理時力求方案既能使客人滿
意，又能符合飯店的政策。對於客人陳述過程中不太清楚的細節，

應該進一步地詢問。即便沒有不清楚的問題，重複與確認客人所說過的一些情節加以複誦，讓客人確認你已經理解他的意思和目的。藉由詢問瞭解投訴的重點所在，對於比較通情達理的客人也可以直接詢問，讓客人自己說明目的。如此就能讓客人感覺到你是真心想解決問題。督導在瞭解情況時，要特別注意，不要被第一線服務人員誤導，有時候第一線服務人員為推卸責任，往往誇大客人無理的部分，卻淡化自身的缺失，督導需要在最短的時間內過濾及判斷，感謝客人所反應的問題。

六、徵求客人之解決意見

傾聽完客人的投訴，服務人員在表示感同身受的同時，還要不斷地與客人交流，詢問一些具體情況。恰到好處地回答客人的疑問，提出解決方案，援引飯店已有的政策制度處理。處理者許可權範圍內，提出圓滿的解決方案。如有可能，給客人提供幾種選擇的機會，試探客人所希望解決的方式。

在與客人達成協定，提出解決方案之後，服務人員要與投訴客人交流和溝通，將要採取之措施及所需要的時間告知客人，看客人是否能夠接受解決方案，並徵求客人的同意。如果能夠接受，該投訴案件可以結案；若是客人不滿意，應再次詢問客人的意見，結合客人意見再重新擬定解決方案，直到客人滿意為止。

七、立即採取彌補之行動

迅速向客人表示歉意及以後一定改進的誠意。服務人員要告訴客人自己已經瞭解問題所在，並確認問題是可以解決的。讓他知道服務人員會做什麼，他們將採取的下一個步驟，並朝著問題解決，

客人可以預期什麼，並履行這些承諾。把握時機適時的結束，以免因拖延時間過長，既無法得到解決方案，又浪費雙方的時間。把握時機，採取主動，絕對不能拖延，如果拖到客人尋另外的管道做第二次抱怨，則罪加一等，因為客人覺得沒有適時的得到回應，抱怨會加倍，絕不善罷甘休，處理抱怨的動作必須快，要讓客人感覺到飯店對他的重視，表示飯店解決問題的誠意，可以防止客人的負面渲染對飯店造成更大的傷害，可以把飯店的損失降低到最少。客人抱怨很大程度是因為他們的利益受到了損失，因此，客人希望獲得安慰和經濟補償。

使客人感到飯店的誠意補救措施，有這種補償可以是物質上的，給予實質的補償性回饋，除了當面向客人致歉，處理抱怨事件的人員應依照公司政策，給予客人服務補償。因飯店的錯誤造成客人的不便及損失，或是無法達到客人的需求時，理應提出某種程度上的「補償」，代表飯店管理當局採取補救措施，提出解決辦法，例如房價、餐飲費折扣，或是各種餐飲、住宿等優惠券，或是贈送客人鮮花、果籃、禮品、紀念禮物等，作為禮貌性的致歉，使客人感受到飯店的誠意，將客人的不滿意變為滿意。也可以是精神上的，例如寫一封致歉信給投訴客人，感謝客人向你抱怨，並為所造成的任何不便與缺失而道歉。讓客人感受到飯店的誠意，讓客人心滿意足。

對於超越督導本身許可權或一時無法解決之問題，須把將採取的措施告知客人，向客人解釋清楚並及時與上級聯繫取得指令，應將客人抱怨意見及時通知有關部門，協同解決問題。不要無把握、無根據地向客人做出任何保證，以免妨礙抱怨的妥善處理，反而造成客人的不滿。服務人員對投訴客人最後給予禮貌性的送客，表示對客人的真誠感謝。

八、追蹤及回報客人

客人抱怨應繼續追蹤，密切關注，持續注意後續行動，即確實做到對客人的承諾，以免造成二次抱怨的發生，才能將事情圓滿解決。對投訴客人的追蹤服務，主要是用來驗證處理客人投訴後執行的效果，同時也是顯示飯店對客人負責和誠信的一種方式，做好追蹤複訪，藉由即時的複訪，不僅能降低投訴客人對飯店之不信任感，甚至有機會提高客人的忠誠度。客人抱怨處理完畢後，應做好客人投訴登記工作，將客人的投訴及處理經過詳細記錄，供管理單位審閱，並監督補救措施的實施。將客人的意見通知有關部門輸入客人檔案，以便客人下次入住時提醒服務人員注意，提供針對性服務，避免客人再次抱怨。

第五節　餐旅業如何減少客人的抱怨

學習處理客人抱怨的技巧固然重要，而餐旅業如何積極採取對策來減少客人的抱怨，更為當前首要之課題。

一、高層開始，全員參與

客人滿意之重要性，應該是發自每位服務人員的內心，而且組織內所有人員都應該重視，不是只有第一線的服務人員，而是從高層管理者開始，都要採取行動，讓組織內部和外部的各種關係人，都能瞭解以客人滿意為導向的組織！獲致具體而且長期的成果，優質服務從高層開始，必須要有好的市場研究計畫，以致於可以得知

客人真正想要及期待的是什麼，必須僱用服務導向的服務人員，必須有高層領導全力承諾優質服務。

提高服務品質要由最高主管的承諾與決心開始，讓這種信念與公司的每個服務人員心中的信念結合，讓大家的價值觀能夠彼此認同，這樣才可以說是正確且有效的第一步。優質服務從高層開始，管理者必須相信品質並與服務人員溝通理念。管理者必須花時間及金錢在品質推動上，也必須找出評量推行品質努力之方法並獎勵這些成效。否則，「優質服務」將只是空泛的名詞，將與客人真正經歷到的相去甚遠。對管理階層之人員，則需由總經理定期或不定期召集訓練會議，以個案方式研討，如何減少客人抱怨及一旦抱怨發生後之應變措施，由大家腦力激盪，集思廣益，找出最好的方案。

二、建立抱怨處理系統及制度

縱使每個員工都非常努力，但有時候所提供之服務不見得可以符合客人期望。有時候客人對第一次做錯都能寬恕的，但是當服務人員承諾要處理問題而並沒有去做，或是問題再次發生，客人就會失去信心及耐心，因而產生抱怨。飯店管理要有一套抱怨處理系統，讓督導及服務人員都瞭解而且容易執行。飯店應設立客人抱怨檔案及追蹤系統，指定專人負責執行，並直屬於總經理之下。舉凡任何客人的抱怨，均需由處理人員以書面向其告知發生經過及採取的行動，然後由人員轉告相關部門加以改進並追蹤成效。處理抱怨之工作人員指揮系統，設立抱怨處理中心，編訂抱怨處理手冊，準備抱怨處理表，處理抱怨的專線電話號碼，任命處理抱怨的工作人員，處理抱怨工作者的統一訓練，追蹤抱怨處理期限，追蹤客人滿意程度，抱怨事項完結後，做成書面資料教材，告知飯店內部人員避免再犯。

　　飯店應建立客人之客人卡，不但詳細記錄客人以往住宿時之一些特別要求及喜好，而且更應記載其曾經抱怨的事件經過，以作為日後再度接受此一客人訂房時之參考，並可提醒相關部門注意，以免重蹈覆轍。

三、加強服務人員的訓練

　　沒有專業化的服務人員，其他服務設備、服務專案都談不上完好，服務技能也不可能嫻熟。因此，專業化的服務人員是客人滿意的根本保證。綜上所述，飯店經營的關鍵是客人滿意，客人滿意的優劣直接關係到飯店的聲譽及飯店的社會效益與經濟效益。飯店服務人員的因素造成客人抱怨，往往是服務人員更替頻繁，導致服務的品質不良。常見的狀況如服務人員因訓練不足、專業知識欠缺、職業技能不夠熟練，加上語文能力薄弱，人際之間溝通技巧亦不足以應對，常易引起客人的不滿。

　　從櫃檯部的行李員、接待員、總機OP，到房務部洗衣部的服務員、工程部維修人員、安全室安全人員；從餐廳到廚房各服務人員，到管理部各職位人員，他們的工作態度、工作效率、客人滿意度等都直接影響到客人抱怨行為的產生。如果說客人抱怨是針對服務人員的，那麼，減少客人對服務態度與服務質量抱怨的最好方法就是加強對服務人員的培訓。因此，對他們進行有關對客服務的態度、知識、技能的培訓是非常重要的。對一般服務人員，訓練內容須著重服務態度之要求，以及語文能力和溝通技巧之培養，並定期選拔模範服務人員，給予公開表揚及獎勵。

四、應加強飯店之硬體設施

　　硬體的服務是指飯店之裝潢、設備、設施、用品等，是否能讓客人滿意，產生舒適與滿足感。飯店建立了一個對各種設備之檢查、維修、保養制度，減少此類設備潛在問題的發生。在日常保養上，飯店應有一個健全的工程部門，由包括水電、冷氣、木工等專業人員組成，負責飯店各類設備定期的保養，及接受各部門隨時的報修，以維護飯店設備正常運作。飯店的管理階層，應經常集會，提出重新裝修及增添現代化設備的計畫，以符合客人多樣化及高品質的要求。服務人員在受理客人有關設備的抱怨時，最好的方法就是立即去實地觀察，然後根據情況，採取措施。事後，服務人員應再次與客人電話聯繫，以確認客人的要求已得到了滿足。

　　在此飯店業競爭白熱化的時代，一個飯店生意的好壞，實際取決於其處理客人抱怨之能力，以及其是否重視此一問題，而由客人抱怨中，吸取經驗，接受建言，進而改良提升其服務品質。俗話說「嫌貨的人才是買貨的人」，客人向飯店申訴抱怨，也正是基於此一心理，無非是期望飯店能對客人提出的問題，加以重視，做出改進，那麼他將成為飯店的忠實客人。飯店方面，透過不滿意的客人，可以將飯店產品或服務上的缺陷反映出來，這些不滿意的客人是飯店「問題的發掘者」，因此，飯店更應該珍惜，同時感謝這些抱怨的聲音。

　　服務業的至理名言——「客人永遠是對的！」，這是人人耳熟能詳的一句口頭禪，理由很簡單，因為產品、服務是要賣給客人的，假如客人不接受、不喜愛，那飯店又該如何生存？但是許多業者往往未能真正去實踐。「客人永遠是對的！」這點無庸置疑，也希望飯店謹記在心，並且繼續堅持做「對」的事情，也就是達到

「百分之百」的客人滿意，能夠傾聽客人的心聲！飯店服務人員必須從內心深處把此話當為座右銘，確實身體力行，因為唯有如此，才能留住客人，讓飯店的業務蒸蒸日上。

【練習一】自我評估

評估你處理抱怨的效率如何：

	低				高
1.我知道飯店對於服務的要求	1	2	3	4	5
2.試述督導該如何達成客人對飯店的期望	1	2	3	4	5
3.我知道解決客人投訴是我的職責	1	2	3	4	5
4.我知道客人抱怨的原因	1	2	3	4	5
5.我知道飯店對客人抱怨規定及政策	1	2	3	4	5
6.我知道處理客人抱怨的方法	1	2	3	4	5
7.我知道處理客人抱怨的程序	1	2	3	4	5
8.我可以耐心去聽客人抱怨	1	2	3	4	5
9.我詳細作客人投訴記錄	1	2	3	4	5
10.我仔細分析客人投訴原因	1	2	3	4	5

【練習二】顧客抱怨之實務演練

1.櫃檯查無記錄而客人堅持已有訂房，但飯店已客滿之處理。

2.客人抱怨未告知優惠房價，不可於進住後追改。

3.客人抱怨櫃檯人員分派錯誤客房，而該客房已有客人進住。

4.客人抱怨保險箱鑰匙遺失，需賠償飯店費用。

5.客人抱怨櫃檯人員延誤緊急電報傳真及客人信件之傳遞，或錯送。

6.客人抱怨總機延誤叫醒Morning Call之時間。

7.客人抱怨總機電話接錯房號。

8.客人抱怨服務人員態度不佳，服務速度太慢。

9.客人抱怨客房或隔壁客房噪音干擾客人安寧。

10.客人抱怨客房之清潔衛生，未達要求之標準。

11.客人抱怨在客房內遺失數位相機。

12.客人抱怨飯店洗衣部門將衣物洗壞或遺失。

13.客人抱怨餐飲品質不佳或餐具不潔。

【練習三】是非題

1.（　）客人是有是非判斷能力，但沒有好壞標準的人。

2.（　）服務業的特性是不可觸摸、留不住、帶不走、變化多、不易模仿。

3.（　）影響客人用餐經驗為優質服務、好的地點、高雅的裝潢、食物品質及合理的價格。

4.（　）客人抱怨的原因是心中有所不滿，故意對服務人員刁難。

5.（　）所謂客人滿意度是指「客人事前的期待」與「實際評估」的相對關係。

6.（　）客人是心理有意願接受我們服務的人。

7.（　）服務態度就是透過我們的努力，讓客人的需求得到滿足。

8.（　）客人認為自己永遠對的，所以我們無限度的以他的觀念為主。

9.（　）處理抱怨時最好由當事人直接處理。

10.（　）如果客人事前期待／實際評估的結果，服務人員沒犯什麼錯誤，也印象不深，客人還是會再度光臨。

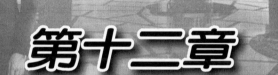

第十二章

餐旅業員工績效考核

- 餐旅業績效評估的意義
- 績效評估的益處
- 績效評估的步驟與技巧

第一節　餐旅業績效評估的意義

　　餐旅業的績效評估（performance appraisals）是經營運作的必經之路，考核為企業管理之基本手段，乃實施獎懲的前提，考核為人力資源合理配置之依據。公正、公開、公平是考核中的最重要原則，考核面前人人平等，不允許任何人在考核之中享有特權。培訓則是告訴員工應該做什麼。簡單來說，績效評估就是檢驗員工工作的績效怎麼樣？只有經由績效考核，才能知道員工的工作績效和工作態度。也可以說，如果沒有考核，就沒有管理的存在。每一個員工，包括督導以及屬下工作的員工，都有權利知道有關自己工作上問題的答案。

　　如果公司從未對員工做過任何的評估，則員工將無法發揮他們的潛能。績效評估的過程也就是督導人員針對員工之品格、態度、潛能和表現作一審核。績效評估之目的是幫助督導人員瞭解員工，並且和員工建立良好的關係。正式的評估，一年可做一次到兩次；而非正式的評估則是每天應做。它們能決定員工與督導人員之關係以及在公司裡的地位。在每日例行的非正式的評估裡，督導人員可藉著評估員工的表現，進而給予及時行性的建議來改進其成果。

一、員工的困惑

　　我的工作是什麼？我如何完成這些工作？我如何更好地發揮個人能力，為公司做更大的貢獻，但我想不明白如何做，我需要做到什麼程度？我工作得很辛苦、很認真，但我需要瞭解哪些方面已經做得很好了，哪些方面我需要改進而且如何改進？每個人都很忙，

我也很忙，但大家在忙什麼呢？我需要知道我有什麼權力？我的未來如何？這些問題的答案不僅是督導知道有好處，而是要屬下每一個員工都必須知道，這是員工有權利應該知道的，身為督導也有責任來告訴他們，而且其答案必須是正確的，因為公司也有它的權利，而其中之一就是以相當的薪資換取相當的工作，同時，績效評估也可以幫助督導知道屬下的工作表現，督導要運用認同及讚揚來鼓勵員工，讓員工持續保持高度的工作表現，督導指出並討論改正的方法，以改善員工不良的工作表現。

二、督導的煩惱

作為督導人員的你，知道飯店組織的運轉正常嗎？有哪些正常，哪些不正常？是否與公司的計畫相符合？員工的表現正常嗎？能力是否得到了發揮？哪些方面有欠缺？如何幫助他們？你想給工作出色的員工獎勵，但又怕引起其他員工的不滿？某員工能力較強，工作效率不錯，你想給予晉升，卻找不出晉升的依據何在？你想辭退某位員工，卻又覺得很難為情，甚至無法面對他提出的質疑？某員工表現不佳，但你卻不知道如何輔導使其上軌道？某員工能力不足，但你卻不知道差距在哪裡？每個人都很忙，他們的工作是否對提升部門生產力有實質的幫助？你對部門每一位員工都滿懷希望，如何才能讓員工們知道呢？他們是否應把精力集中在一些更重要的工作上，以提升部門的工作效率。基於解答這些問題，督導需要使用一套有系統、客觀的方法來分析屬下的表現，單單只是告訴員工說做得好或做得不好是不夠的，他們需是知道「為什麼？」因此，績效考核是可以成為維持、改進績效並強化組織所重視之行為的珍貴管理工具。經由考核是可以監督績效並提供意見回饋，為改進績效最有效的方式之一。

第二節　績效評估的益處

　　評估做得好，必須提供一個良性雙向的溝通管道，讓公司與員工都瞭解彼此的需要，使公司與員工雙方都各蒙其利。各級督導要作為業績改善和提高的有效推動者，而不僅僅只是員工業績和能力的評定者。在執行評估後，受益者不僅只有員工而已，還包含督導人員和公司。

一、對員工而言

　　對員工而言，績效評估有下列好處：

1. 讓員工發現自己的長處和有待改進的地方。員工可以瞭解自己做得如何，瞭解如何提升自己，使自己更好，幫助員工瞭解自己的潛力。
2. 使員工能藉此評估改進行為，幫助他們肯定自我的能力，鼓舞員工成為更有效率的工作者，以及促進員工自我概念之發展。
3. 督導與員工一起收集工作之貢獻，讓員工瞭解督導對其工作表現的感覺。知道自己真正的問題所在，可以知道自己做得如何，也能瞭解如何提升自己。
4. 讓員工定期的查驗所做的工作。讓員工有機會發表意見以作為未來改進的方向，以降低員工對於其行為方向是否正確及他人看法之疑慮。
5. 考慮長遠之計畫，提供部屬意見回饋，指出最重要的組織目

標，並瞭解本身在公司的未來發展性。確認專業發展之需要，以提升他們達成組織（及個人）目標的能力。

二、對督導而言

對督導而言，績效評估有下列好處：

1. 使督導對員工各項工作內容，有更深一層的瞭解，改善督導的人力資源調配技能。
2. 向員工表明，你堅持飯店經營標準，讓員工在工作上有一個清楚的概念，並且能全力協助他們達到飯店要求之標準，因而達到增進生產能力，提高員工士氣。
3. 確定員工具體之輔導需求，督導人員和員工之間建立更密切的聯繫，增進與員工間的關係。
4. 幫助督導確認員工之能力，發掘被提升的員工，可提供公司對員工繼續栽培之參考；可瞭解被評定員工的表現，決定是否繼續任用之依據；也能作為薪水的調整、績優獎賞或升遷的參考。

三、對公司而言

對公司而言，績效評估有下列好處：

1. 能提供公司一套完整的人事評估資料，績效考評有助於督導確定工資級別和制訂適當的在職訓練。
2. 能提供公司一套完整的人事升遷及薪資調整的評估資料，可以作為公司未來人事變動的基準。

3.增進員工士氣，使員工未來能達成公司之要求。

 ## 第三節　績效評估的步驟與技巧

　　績效評估是督導人員的主要責任，是促進合作及保持全體員工高度績效的一種方法，績效評估應該被視為員工才能發展和輔導的一種工具。餐旅業督導定期對員工進行績效考評，例如每六個月或每十二個月一次。督導在績效考評之前、之中和之後必須做一些工作，以便幫助員工提高服務水準。

一、績效考評之前

(一)心理準備

　　對於此績效考評，督導人員必須事先做好準備，先做自我檢討。督導人員應扮演輔導者的角色而不是調查員，確定時間之前，必須明確績效考評目的，績效考評應該透過與員工之間的溝通管道。

(二)收集資料

　　準備所有跟評估有關的文件、資料，例如員工的職務、工作標準及員工工作表現記錄報告等等。事先填好必要的表格；想好你希望這次評估帶來什麼成果。寫下你將要強調可以利用的準備項目清單來組織正式績效考評。平常對員工的工作表現，每週記錄一次。這樣一來您就可以在員工考評中更加言之有物，準備考評的工作就更加容易。

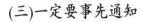

(三)一定要事先通知

1. 時間：最好提早在一至兩週前通知員工做準備，避免使員工措手不及。安排時間應該避開與其他工作要務衝突的時段或用餐時間，以免分心；應該安排足夠的時間，以便完整的績效考評。而且一旦約好，就不要輕易更改時間。

2. 地點：提早通知員工績效考評的地點，考核時應事先安排適當的場所，選擇在一個安靜、不受打擾的會議室，離開工作場所，如此能讓員工有專注力。

二、績效考評之中

(一)營造氣氛

　　大部分員工對自己的績效評估都充滿不安和焦慮，所以督導應該創造一個雙方都感到舒適的氣氛。督導進行面談時，態度應該要積極和誠懇，首先清楚地說明考核和面談的目的是培養和發展員工自己本身能力，藉此建立雙方彼此信任的相互關係，形成有利的面談氣氛。嘗試以雙方面的溝通來聆聽員工所要表達的心聲，鼓勵員工與你交談。督導要做一個積極的聆聽者，不要打岔員工說話或只顧表達自己的看法。

(二)利用讚美與批評

　　督導進行評估面談時必須穩健老練及有耐性，不要吝嗇讚美員工，也應該隨時注意員工的情緒轉換，絕對避免和員工強烈對立

發生衝突。運用三明治輔導技巧來協助員工,以好的評論裡夾雜壞的評論來確認員工的弱點。首先開始讚賞員工過去所做的好工作表現,誠懇地表揚員工特定的成就,適當地給予肯定,要記得當員工達成目標時,給予適當的予讚賞,不要認為員工所做的是理所當然的事,在必要時機應給予讚賞。討論工作表現所不滿意的地方,假如有過失,就必須面對它,避免以批評的口吻說話,想出妥善的談話方式,談話時不要讓員工感到自卑,或使他們感覺受到懲罰。

(三)評價工作而不是評價個性

評價的內容應放在公司的生產、出勤、能力和工作的態度上。績效考評的重點應該是員工的工作表現上,針對員工的工作短處和長處做評估,而不是他們的個人性格。但應該儘量強調正面績效,強調優點而非缺點,並且對事不對人。反省那些未能達成的目標,要詳細並強調那些需要改進的地方,一起討論為什麼需要改進,以及如何達成。

(四)勿與員工討論其他人之評估結果

不要與員工討論另一個人的評估結果,也不要將員工與第三人做比較。與他人討論其評價結果,只會增添麻煩罷了,況且員工想知道其他員工的評價,是與他不相關的。

(五)評估一段固定時間之表現

評估應以一段固定時間的工作表現來做正確的評判,而不是以幾天裡好的與壞的表現來決定。將好的與壞的表現做一個總結。此方法主要是讓員工在面談與離開時,有正面的態度。

(六)評估要公平、誠實和正直

　　虛偽託辭是沒有代價的。假如員工表現低於標準，就誠實地講出來，然後幫助他們找出該改進的地方。督導不應匆忙的結束評估，這樣只會破壞評估的意義。

三、結束評估面談

(一)評估態度須坦率

　　督導應以坦率的方式與員工討論其評價及解釋其評估結果，如果必要，可將所有的事實做一定義。

(二)訂出行動計畫

　　在面談結束之前，督導應該花五到十分鐘，與屬下討論未來半年到一年內的行動計畫，至少找出五項優先行動方案，也許包括安排訓練指導、重新分配資源等。督導與員工在設定未來的目標時一致，這樣在下一次的評估時，才能有更進一層的討論。制定具體且實際的目標和雙方都能執行的計畫，以便幫助員工改善工作。先讓員工發表意見，然後再提出你的看法。

(三)將談話記錄建檔

　　建檔的部分應該包括討論內容和評估記錄。由於大部分公司都會把績效評估的資料存放在永久個人檔案內，因此，督導和員工雙方都應該在文件上簽名。雙方達成一致，填好表格以後，雙方簽字

認可。呈一份備份檔給人力資源部。

(四)以肯定和支持的方式結束評估面談

讓面談以肯定和支持方式做結束，給員工一個微笑或握個手，讓對方知道你的誠意。評估面談最理想的結局是員工能帶著對管理階層、公司、工作及本身正面的心情離開會議室。績效的評估應該有助於員工的發展，督導應該判斷員工是否需要再接受更多的教育訓練，使他們覺得受到上司的關愛。

EVALUATING PERFORMANCE

Billy在NANTAI HOTEL的咖啡廳擔任副理的職務，最近將要做一次員工的績效評估。

A員工：表現優異的Eddy

Eddy在你屬下工作才九個月，但她很快地成為一個優異的員工，她總是樂意在咖啡廳繁忙的時候額外的賣力工作，她的服務態度極佳，經常獲得顧客讚賞，同時你也收到過好幾封客人對她好評的信，在你的觀察中她極少犯錯。你關心她在NANTAI HOTEL的前途，她真正需要的協助是晉升的機會，但是你心裡知道在這NANTAI HOTEL中是沒有空缺的。

B員工：表現平平的Peter

Peter在NANTAI HOTEL中做事已經六年了，他工作做得不錯，但是喜怒無常，有時相當熱心，有時又提不起勁來，他的「服務測驗」一直很好。你時常接到客人對他的評語，有些人極力稱讚，有些則又說他動作慢，服務態度不佳，同時又不肯跟同事合作。

C員工：表現不好的Jane

Jane在NANTAI HOTEL工作已經三年了，他的考核通常是平平，但是最近卻下降到幾乎不能接受的水準，最近一次的「服務測驗」顯示她的工作表現有相當程度的下降，她的出勤紀錄是所有員工中最糟的一個，最近她好幾次遲到及早退。當問及她日後有何打算時，她回

答「我不知道，我只是想過一天算一天吧！」你已經對她提出幾次改善建議，但她似乎毫無改進！

註：「服務測驗」是咖啡廳在特定期間內對每一個員工所做的測驗，它是根據標準，由日常觀察來測試員工的工作表現及態度。

【練習一】督導自我評估

對下列績效評估你的技巧如何？

	低　　　　高
1.我瞭解績效考評對員工的好處？	1　2　3　4　5
2.我瞭解績效考評對本人的好處？	1　2　3　4　5
3.我瞭解績效考評對上級管理部門的好處？	1　2　3　4　5
4.我知道如何把評估變成為一種成長的工具？	1　2　3　4　5
5.我知道如何制定並使用工作標準？	1　2　3　4　5
6.我有對員工的工作表現作適切的記錄？	1　2　3　4　5
7.我知道評估會如何影響員工的工作表現？	1　2　3　4　5
8.我知道在考核時，使用足夠的時間？	1　2　3　4　5
9.我知道如何執行評估面談？	1　2　3　4　5
10.我知道如何針對工作表現，而不是人格性情？	1　2　3　4　5
11.我知道如何對員工坦誠？	1　2　3　4　5
12.我知道如何給員工足夠的讚賞？	1　2　3　4　5
13.我知道如何幫助員工提高工作水準？	1　2　3　4　5

　　對上述問題回答「是」的次數越多，說明你提高員工服務水準的能力越強。

【練習二】 XXX HOTEL員工事業輔導發展計畫及工作績效考核

OBJECTIVE

　　本辦法主要目的在於使員工瞭解公司的經營方針，並經由下列事項的實現，促使員工將XXX HOTEL的工作視為一種永久性的發展事業。

1. 協助員工改善目前的工作表現
2. 加強員工與督導人員間的意見溝通
3. 預先擬訂員工的事業前程計畫
4. 提供員工適當的教育訓練機會
5. 作為員工薪資及組織編制參考
6. 當作公司未來事業擴展的參考

姓名	員工編號	職位

資料（需要的資料支援）

FALLOW-UP（有沒有採取需要的步驟）

正式績效考評

部門	僱用日期

考核日期自　　　　　　　　　　　　　　至

SECTION 1：員工考核評比

項目　　　　　　　　　　　　　　　（總分100）	分數	評分
1.工作知識：員工對工作各方面的瞭解程度。	10	
2.工作品質：員工工作的正確、完整、簡潔。	10	
3.工作數量：員工完成工作的數量。	10	
4.工作態度：員工對督導人員交待工作能欣然接受。	10	
5.責任心與信賴度：員工對工作負責及態度可信賴程度。	10	
6.進取心：員工自動自發的進取精神。	10	
7.個人特質：員工良好的儀表、態度、忠誠度及領導能力以為同事表率程度。	10	
8.操守與品格：員工遵守公司規章之操守程度。	10	
9.團隊精神：員工與同事間相處之合作程度。	10	
10.出勤狀況：員工出勤狀況良好且很少因個人事務請假。	10	

總得分＿＿＿＿＿＿＿＿＿

總結

　　　員工應繼續發揚之優點　　　　　　員工應予改善之缺點

＿＿＿＿＿＿＿＿＿＿＿＿＿　　＿＿＿＿＿＿＿＿＿＿＿＿＿

＿＿＿＿＿＿＿＿＿＿＿＿＿　　＿＿＿＿＿＿＿＿＿＿＿＿＿

＿＿＿＿＿＿＿＿＿＿＿＿＿　　＿＿＿＿＿＿＿＿＿＿＿＿＿

＿＿＿＿＿＿＿＿＿＿＿＿＿　　＿＿＿＿＿＿＿＿＿＿＿＿＿

SECTION 2：預期晉升，轉調及發展潛力機會

A.晉升

YES	POSITION	QUALIFIED NOW	WHEN QUALIFIED（MONTH/YEAR）
NO			

B.轉調意願

　　YES　　　DEPARTMENT 1.＿＿＿＿＿＿＿＿　2.＿＿＿＿＿＿＿＿

　　NO

C.發展潛力

　　目前不具晉升能力　如上所述

　　具晉升能力　已超出晉升能力具有高度發展潛力

SECTION 3：遞補

請在你的部門中預擬出一位遞補該職務之人員

NAME	PRESENT POSITION	QUALIFIED NOW	WHEN QUALIFIED （MONTH/YEAR）

SECTION 4：專業生涯規劃及計畫方針

　　需要　　　　　行動　　　　　時間

綜合考評意見：

員工意見：

　　　　員工簽名　　　　　　　　　部門主管簽名

　　　　日期　　　　　　　　　　　日期

這次督導績效考評之改進

　　回想一下你這次對員工所做的績效考評，是否遵循前面所列的步驟？請寫出你這次員工績效考評的優缺點，並就缺點提出改進方案。

考評之前：

_____

_____

_____

考評之中：

_____

_____

_____

考評之後：

_____

_____

_____

下次我要執行的員工評估之改進

誰（評估對象）

_____

何時（什麼時候要交出評估報告）

_____

何地（什麼地方可以讓我跟這位員工私下面談）

_____

何事（什麼事情需要準備在面談中提出的）（如何準備）

_____

有何困難（為什麼我認為跟他溝通有困難）

_____

資料（我有沒有需要的資料支援）

_____

FALLOW-UP（有沒有採取需要的步驟）

_____

參考文獻

Dr. Arthur R. Pell（1998）。《成功的領導管理》。凱信出版事業有限公司。

王修本譯（1990）。《追求卓越的管理》。天下出版社。

余朝權（1993）。《人性管理》。長程出版社。

吳美蓮、林俊毅（1986）。《人力資源管理理論與實務》。智勝出版社。

吳復新（1986）。《人力資源管理》。國立空中大學。

李田樹譯（1988）。《課長學》。長河出版社。

李華慶譯（1991）。《卓越主管》。絲路出版社。

卓越出版社譯（1989）。《管與被管》。卓越出版社。

林重文（1996）。《菁英團隊》。遠流出版公司。

洪瑞璘（1999）。《管理技巧》。五南圖書出版公司。

張麗珍譯（1996）。《新新經理人》。耶魯文化。

許書揚、胡儀全（1999）。《Top 100面試題目排行榜》。奧林文化事業有限公司。

陳明璋（1990）。《做個有魅力的主管》。遠流出版公司。

陳偉航（2000）。《NO.1業務主管備忘錄》。美商麥格羅‧希爾國際股份有限公司。

富蘭克編輯工作室（1991）。《管理贏家》。雅登出版社。

彭懷真（1997）。《溝通無障礙》。希代書版股份有限公司。

曾陽晴譯（1998）。《攻心為上》。天下出版社。

劉秀娟、湯志安譯（1998）。《人力資源管理》。揚智文化公司。

潘衍昌、黃竟成（1992）。《酒店與飲食人事管理實務》。香港珠海出版有限公司。

鄭書慧（1980）。《阿Q定律》。遠流出版社。

鄭書慧（1994）。《活用面試技巧》。遠流出版公司。

戴萬成（1991）。《管理、領導與運勢》。桂冠圖書公司。

魏斯禮‧彼得斯、大衛‧利芝佛（1993）。《管理人首策》。世茂出版社。

國家圖書館出版品預行編目（CIP）資料

餐旅業督導訓練 / 蔡必昌著. -- 二版. --
新北市：揚智文化, 2013.11
面；　公分

ISBN 978-986-298-119-1（平裝）

1.餐旅管理　2.領導理論

489.2　　　　　　　　　　　102021120

餐旅業督導訓練

作　　　者 / 蔡必昌
出 版 者 / 揚智文化事業股份有限公司
發 行 人 / 葉忠賢
總 編 輯 / 閻富萍
特 約 執 編 / 鄭美珠
地　　　址 / 22204 新北市深坑區北深路三段 260 號 8 樓
電　　　話 / (02)8662-6826
傳　　　真 / (02)2664-7633
網　　　址 / http://www.ycrc.com.tw
E-mail / service@ycrc.com.tw
I S B N / 978-986-
初版一刷 / 2004 年 2 月
二版一刷 / 2013 年 11 月
定　　　價 / 新台幣 300 元